在澳洲買了個小農場

——尋覓異鄉田園夢

文・攝影／堅冰 著

博客思出版社

尋覓異鄉田園夢

In Australia

心中的一畝田
In Australia

惬意人生
In Australia

在澳洲買了個小農場

Beginning

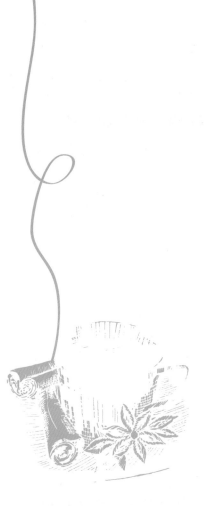

作 者 序

作者序

　　第一次在地產網站上看到這個大約一千二百市畝的休閒農場時，就感到這是一個圓我「澳大利亞田園夢」的合適地方。來澳洲多年，每當在那些宜人的鄉村旅行時，都會對生活在那裡的人產生羨慕的感覺，這次似乎是一個觸手可及的機會了。

　　既然喜歡它，那就成了怎麼看都順眼。澳洲是世界上最缺水的大洲，而南澳大利亞州又是澳洲最乾旱的州。這個農場所在的阿德萊德山區（Adelaide Hills）年降雨量在 600 到 1000 毫米，就像沙漠中的綠洲，這是一個得天獨厚的地方。

　　這裡離市中心抄近路三十多公里，好走一些的遠路五十多公里，出門就是主要公路，車程不到一個小時，交通可算是十分方便，將來城裡和地裡的事都能兼顧。地的面積足夠大。想想在城區買房，仲介們把一千平方米叫做「超級大地」。三十公里以外的一千多畝地，不由地讓人感到物有所值。

　　在溢美之詞氾濫的今天，若遇到喜歡誇張的仲介，估計會給周圍風景安上個一百萬元的標籤。雖然沒人為在這裡看風景花一分錢，但站在高處向四周放眼望去：滿目起伏山巒，開闊地上綠草遍地，山坡上桉樹粉白色的軀幹與綠色的樹冠相映襯，正像有人形容的「粉腿如林」。藍天上白雲飄過，牛羊叫聲在山谷迴盪，高低長短的鳥鳴不絕於耳，野生動物

比人多得多。即使像我這樣地理和歷史知識不算豐富的人，腦子裡也忍不住聯想到英格蘭綠色的起伏丘陵、陶淵明的終南山和桃花源；所不同的，是不時傳來從門前公路上汽車駛過，和天上飛機飛過的聲音，讓你感到這種歸真返璞與現代文明帶來的方便生活近在咫尺。

冬季果園，房子和
對面的山景

農場整個地勢北低南高，建有房子的西北角海拔 390 米，最偏遠的東南角有片茂密的天然樹林，海拔 510 米。中間有兩座相連的、近東西走向的小高地，山上生長了不算茂密的桉樹，有的估計兩、三的人合抱那麼粗。幾個大大小小

的山間谷地裡土質腐殖質豐富，有些像在東北看到的黑土地。山坡上是沙壤土，山頂一些地方露出砂岩、石英岩和板岩。看起來挺適合「山坡種樹，山谷種菜，山頂觀景」。

以前的主人在靠近房子的周圍的坡地上，種有五百多棵的各種果樹，其中一半多是櫻桃樹，其它的地方養了一百多隻羊。房前生長著茶花、桂樹、杜鵑、水仙等花和樹，房後有一棵傘一樣的大橡樹，把下面的草坪遮了個嚴嚴實實。難得的是所附帶的「灌溉用水權」。在這裡，如果沒有用水許可，即使有現成的水井和水壩，灌溉也是違規的。

石牆、紅磚砌角的房子，被仲介稱作「鄉間別墅」。現在的房子始建於 1890 年，五年前經過整修。簡單地回憶一下澳洲的歷史：英國人第一次在澳洲創立殖民地是在 1788 年，1834 年英國議會通過了南澳大利亞法案，批准其為一個獨立的殖民地。而「澳大利亞聯邦」正式成立，是在 1901 年。比較而言，這座房子在澳洲也算是半個古董了。

1890 年整個澳洲的人口，不包括原住民在內為 315 萬人。按 769 萬平方公里的國土面積算，平均 2.5 平方公里上有一個人。當時就能有人在這裡定居，不知是不是可以稱這個農場為「歷史悠久」。上一個主人的家族，在這裡連續居住了大約一百年。再向前追溯，有民間傳說，原來的房子是由澳洲最著名的叢林大盜「奈德 · 凱利」（Edward "Ned" Kelly）的家族建造，他本人也在附近躲藏過追捕。不管能否考證，這個普通的地方，與歷史和文化能沾上點邊。

130多年的老房子了

　　從第一次實地察看，到最後拿到鑰匙，時間差不多有一年，其中有段時間幾乎是失去了買它的機會，但最終是澳洲不太景氣的經濟幫了忙。在徵詢親朋好友意見時，一半多的是支持，其他的有表示疑慮、甚至堅決反對的。其中有個很近的朋友，自己就住在不遠的一個農場裡，以自己的親身經歷明確表示：農場是一個回報率很低，只有 1% 到 2%，升值率也遠落後於城區住宅的投資，反覆以他少見的、旗幟鮮明地方式勸說我別買。

　　即使在自己的小家裡，意見也不統一。但主要的焦點倒

不是賺不賺錢，而是買這麼塊地，會不會給我這個不年輕的門外漢，在精神和體力上造成太多壓力。再加上自己也感到基本上對農場的各種活計完全外行，養什麼，種什麼，心裡沒數。還有對野生動物，特別是蛇的膽怯，自己心裡也不時打打小鼓。最後與家裡人達成的「約法三章」是：不能因為農場的事在家裡發脾氣；不能指望家裡人到地裡「勞動改造」；覺得受不了，就把農場再賣了。

經過這麼長情緒時高時低的折騰之後，第一次做為新主人開進大門的時候，早已沒了多少興奮。當時除了對自己弱弱地說了一句：「我有了立足之地！」之外，心底裡湧出的感覺是「休閒，休閒，好不容易有條件休息一下，就覺得閒得慌了。」辛苦勞作的命，就順其自然吧。

作者 / 堅冰　筆

目　錄

Chapter 1

第一章
胼手胝足伺候果園

第一章 胼手胝足伺候果園

　　種果樹的地方約有三十市畝地。粗粗的數數，有三百多棵不同樹齡的櫻桃樹，十幾到幾十棵的杏、桃、李、蘋果和大杏仁樹；另外是零星的核桃、板栗、無花果、枇杷、無籽葡萄、檸檬、桔子、橄欖、石榴、桑椹和椴梓等，大大小小五百多棵果樹。周圍圍襯的，是散發著香味的幾種常青樹，在花店裡，它們的新枝被用來映襯鮮花。

　　南澳州的降雨主要集中在五到九月之間，阿德萊德山區屬於地球上為數不多的地中海氣候區。

　　地中海氣候區，分佈於 30-40 度大陸西岸，包括地中海沿岸、黑海沿岸、美國加利福尼亞州、澳大利亞西南部伯斯和南部阿德萊德一帶、南非西南部、以及智利中部等地區，因地中海沿岸地區最典型而得名。地中海氣候分佈範圍，佔全球比例十分稀少，特徵為「夏季炎熱乾燥，冬季溫和多雨」，迥異於其他類型氣候；這也往往造成作物生長季無法與雨季配合，是十三種氣候類型中，唯一一種雨熱不同期的氣候類型。冬季受西風帶控制，鋒面氣旋頻繁活動，氣候溫和，最冷月氣溫在 4-10℃ 之間，降水量豐沛。夏季在副熱帶高壓控制下，氣流下沉，氣候炎熱乾燥少雨，雲量稀少，陽光充足。全年降水量 300-1000 毫米，冬季半年約佔 60%-70%，夏季半年只有 30%-40%，冬季降水量多於夏季。因此地中海農業區的作物種類，往往為耐旱的蔬果。

夏季時炎熱乾燥，水分蒸發劇烈，導致水果的糖分積累；冬季溫和的氣候，有利於種植物的安全過冬；充分的水資源，符合了種植物對於水分的需求，水果生產條件得天獨厚。在阿德萊德城區各家的庭院裡，因為在夏季也能得到充分的澆灌，再加上用點心思，巧用背陰向陽的微觀環境，你能見到世界上大多數的植物種類的身影。一位有經驗的先生對我說：阿德萊德的蔬菜水果品質好，在澳洲不愁賣不出去。

三把火 PK 下馬威

接手的時間是在澳洲冬末春初的八月底，這是開始除草施肥的時令。施肥好辦些，趁土壤墒情好，把通用肥灑在樹周圍就行了。雖然後來發現果樹肥料需要深施才好，但把一件該做的事應付過去了，當時感到的是輕鬆。

控制果樹行間的雜草也沒費太大勁。隨著農場買過來一台 65 馬力的老拖拉機，在辦移交手續的過程中，原來的主人曾經用了十多分鐘給我做示範。看人家發動、換檔手到擒來的樣子，感到對我這個會開叉車的老司機來說，不是個大問題。待到接手後一切靠自己，才發現沒記住檔位，也掛不上打草機。拖拉機頂頭頂腳地停在車庫裡，一旦掛錯檔位，或剎車沒踩住，車庫就要有大麻煩了。頭疼了好一陣後，只好托仲介把原主人請回來，從頭到尾再來一遍。這次吸收了教訓，把該注意的地方，連寫帶畫地記錄了下來，真是好腦袋頂不上個爛鉛筆頭。勉強能擺弄拖拉機後，掛上旋轉式打草機，兩、三個小時就在果園轉了一遍。雖然只是大面上好

看一些，也總比草高到大腿好多了。

頭疼的是樹周圍的草。有位叫 Jessica Walliser 的女士總結了十一種控制雜草的辦法，其中有常用的機械和手工除草，或鋤草的辦法。用這類辦法除了立竿見影的效果外，若多次重複，可有效地減少土壤中殘存草籽數量。再一種常見方法是在地面覆蓋秸稈、鋸末、塑膠或可降解地膜。目的是減少雜草種子見光見水的機會，保持較穩定的低溫，從而降低草籽發芽的機會。

她提的另外的辦法是本著「以夷治夷」的思路，變不可控因素為可控因素。譬如：種一些「果樹休眠期它生長，果樹生長期它死亡」的植物，如苜蓿。這類植物在生長期能保護表土，死亡後的根系又起到疏鬆土壤的作用。她還把這個思路引申到利用中國白鵝偏好窄葉植物的特點，推薦「養鵝除草」。假如你種著菜的話，在味道差不多的情況下，鵝會先吃草，然後才會打你種的菜的主意。若白鵝先幫你把除草的活兒幹完，然後才開始吃你的菜，那就太好了。她的一個新穎的方法是「不翻土」，理由是土壤中已有的草籽，你不翻土，它們就沒機會見光發芽。對已經發芽、生長的雜草，利用覆蓋的方法處理。對比機械作業，這樣做的好處是省工省力，頗似「無為而治」。最後的一個辦法估計不會適合中國的國情，這就是用燃燒器快速噴燒，大概類似於飯店裡做火燒冰淇淋的手法。

對付樹周圍的草，手拔顯然拔不過來。用大機械搆不

著，不小心就把樹皮碰掉一大塊。按這裡的習慣，採用作物秸稈覆蓋壓制雜草生長的辦法也不行，時間已經太晚，該長出來的都已經在享受著陽光。更何況有些草已長得挺高，蓋也蓋不住。排除掉那些遠水不解近渴和不實際的辦法，自然而然地想到用鋤頭鋤草。對付難辦的事，用的方法越簡單可能越有效。

能買到的鋤頭都比較直，彎的角度不夠大，用起來更像是在刨地。最後選擇的是一種寬鑭頭。它比較輕，鑭頭較薄，寬度有 20 厘米。根據對草根深度的判斷，用不同的角度刨下去，效果和效率都能兼顧到。剩下的就是花上時間和汗水，感受著肌肉重新發育的酸痛，牢記去世二十多年的姥姥說過的「力氣是外財，用沒了就來」，一棵一棵地幹下去。老人家沒上過一天學，年輕時下關東，樸樸實實的生活感悟，比得上多少哲學家的長篇大論。

一天又一天，往往是在感到需要休息時，自己對自己說：「再幹一棵！」結果經常是多幹了三、四棵後，才擦擦汗，直直腰，喘口氣。剛開始刨地時，兩手攥緊鑭把用力，一天下來，兩臂酸疼。後來慢慢地體會到了些訣竅，不急不慌地把鑭頭舉起來，同時配合身體伸展、吸氣。在鑭頭下落的過程中，用力給它個加速度，並借助身體收縮的過程，開始呼氣。在鑭頭與地面接觸的時候，手和臂同時撤力，呼氣同時完成，然後開始下一個過程。及時撤力可以讓手和臂免受鑭與地接觸時反彈力的傷害，省下的力氣能幹更多的活，酸疼的情況也緩解了。很簡單的工作，沒人點破或自己不用心，

也會事倍功半。

記得小時候，父親就講過一個類似的故事。說是有個戲劇演員跟老師學戲，多年苦練之後，覺得自己和師傅的水準差不多了，就開始自立門戶。別的技藝基本都沒問題，就是在翻跟頭的時候，頭上戴的冠有時候會掉下來，這讓他得了不少倒彩。他試著把冠帶繫得緊些再緊些，問題沒法徹底解決，張嘴說唱還不俐落。無奈之下，只好提著禮物再去請教師傅。師傅最後跟他說：「我的冠掉不下來的原因，就是在翻跟頭時一咬牙。你一咬牙，倆腮幫子肌肉一繃，冠帶就緊了。」聖人說「三人之行必有吾師」，俗話講「時時處處皆學問」。類似的事情估計每個人都會遇到，只不過是你能不能體會得到罷了。

享自然，想自我

這個單調的勞作中，回頭看看樹下乾乾淨淨時，感到挺享受。手裡在忙著，腦子裡還不時地對過去好好壞壞地做些回憶與評判，真的感到了時間如白駒過隙。有時自己也感到奇怪，為什麼原來的工作中，幹的活輕車熟路，物質待遇也好，取得的工作成果更容易得到認可，卻經常是一天看四、五次錶，嫌時間過得慢？是不是因為這種在自然環境中簡簡單單的勞作，才是人類進化史中的主流，而我們的細胞在這種狀態下更活躍，也就是所說的天性？人的天性靠兩、三百年的工業化，幾十年的現代化，是改變不了多少的。在這個小農場裡，按時令刨刨種種，是不是該算做順天應時？

　　農場生活和勞作對不少人有吸引力，這其中的原因應該有很多。最初從自己的感受來講：有環境好、空氣好的因素，有遠離繁雜事務的因素，有每天都有所進展的滿足感，每年都有收成的喜悅感，正所謂情隨事遷。當農場的生活，從為溫飽而勞作，變成了一種興趣和消遣時，這時只需要為大大小小的成果而高興，而不需要為好好壞壞的後果而擔心時，人的感受也隨著不同了。正像王羲之在《蘭亭集序》中所描寫的：「天朗氣清，惠風和暢。仰觀宇宙之大，俯察品類之盛，所以遊目騁懷，足以極視聽之娛，信可樂也。」

　　後來多聯想了一下，這種勞作和一些治療焦慮症的健身方法有相通之處。譬如有一種理療呼吸和肌肉放鬆的健身方法，基本做法是：

1. 慢慢吸氣，鼓腹，直到吸足氣。然後憋氣兩秒鐘，再慢慢呼氣收腹。用腹式深呼吸使副交感神經興奮起來，而不是用胸式呼吸刺激交感神經。交感神經的興奮可以使人警覺和緊張，就像我們遇到危險或高興時那樣。這時的呼吸變得短促，屬於淺層呼吸。副交感神經的活躍可使人變得平靜。估計不少人都有體會，在做一件重要的事情前，先深深地呼吸一口氣可以感到鎮靜一些。

2. 配合呼吸，從腳趾肌肉，經過腳、腿、臀、背、肩、手、臂、頸，直到眼和面部肌肉，依次用力和放鬆。

3. 在做的過程中，腦子裡儘量不想事。若有事情出現在腦子裡，可心裡對自己說：「我知道了。」而不要去深究甚至抵觸。

在刨地的動作中，正是有這種有節奏的深呼吸，肌肉緊張與放鬆的過程。在這個過程中，腦子裡在想的，是鐵頭落地的位置和深淺。不知道這種登堂入室的大雅心理和健身療法，是否就是從人類簡單的勞作中演變而來的。所以，在現代的健身動作中，如果你的專業教練讓你做類似左刨地、右刨地的動作時，你也應該能夠更容易體會到其中的精髓了。回歸自然的活動，可以以不同的形式，出現在不同的場合。

再後來，在心理醫生的啟示下，覺得農場的忙忙碌碌，可能也是一種有助於人重新找回自我的途徑。正如韓愈在《進學解》中所說「行成於思，毀於隨」。人在江湖身不由己，生活節奏快，不確定的事情多，「思其力之所不及，憂其智之所不能」，時時需要在意別人對自己的看法。慢慢地變成了多數時間為別人、為物質和欲望而活著的人。在滿足於身處社會主流隨波逐流中，明智和志遠在這種環境中，也就成了鏡中花和水中月。一下下的刨地，就像身處安靜寺院裡的和尚在有節奏地敲打木魚，它讓你在簡單和寂靜中，感受到自己的心跳和肌肉的運動。腦子停不下來的話，想得更多的也是從你自己的角度對人和事的看法。即使第二天還要回到江湖去打拼，你也得到了一段眼不見心不煩的休整，和反省自己的時間。心靜自然清，農場算得上是一個心靈驛站吧！

假如把「休閒」農場的生活，作為一種心理治療的方法，我覺得它可能對那些身心俱疲、內心糾結、塞滿解不開疙瘩的人會是一種對症下藥。這裡把休閒打上引號，是想強調在

農場勞作的目的不是為了養家糊口。在生活困難的年代，沒聽說過有誰把農村叫「休閒農場」，下鄉叫「農家樂」。這種治療只是針對那些衣食無憂而感到哪都不得勁，或者「百憂感其心，百事勞其形」的人。《紅樓夢》裡賈寶玉和林黛玉，就是這種人裡比較極端的代表。他們特立獨行不是因為看破紅塵，也不是心如死灰，而是心裡有比別人更多解不開的疙瘩，這些疙瘩一直到最後也沒解開。所以才有了黛玉死前呼喚寶玉的名字，寶玉失蹤後又去見他爹，告訴家人不要太擔心，云云。真是人生煩惱就十二個字：「放不下、想不開、看不透、忘不了！」每個人都多多少少會有類似的煩惱，對有條件的人來說，農場的環境有助於疏導這種情緒。

假如《紅樓夢》的作者是陶淵明，他有可能把故事寫成：

劉姥姥二進大觀園，帶去了鄉下的新鮮瓜果蔬菜。

吃飯的時候，賈母對鳳姐笑道：「你把茄鯗（讀音：xiǎng）搛些喂他。」鳳姐兒聽說，依言搛些茄鯗送入劉姥姥口中，因笑道：「你們天天吃茄子，也嘗嘗我們的茄子弄的可口不可口。」

劉姥姥笑道：「別哄我了，茄子跑出這個味兒來了，我們也不用種糧食，只種茄子了。」眾人笑道：「真是茄子，我們再不哄你。」

劉姥姥詫異道：「真是茄子？我白吃了半日。姑奶奶再喂我些，這一口細嚼嚼。」鳳姐兒果又搛了些放入口內。劉姥姥細嚼了半日，笑道：「雖有一點茄子香，只是還不像是茄子。告訴我是個什麼法子弄的，我也弄著吃去。」

鳳姐兒笑道：「這也不難。你把才下來的茄子把皮簽了，只要淨肉，切成碎釘子，用雞油炸了，再用雞脯子肉並香菌、新筍、蘑菇、五香腐乾、各色乾果子，俱切成丁子，用雞湯煨乾，將香油一收，外加糟油一拌，盛在瓷罐子裡封嚴，要吃時拿出來，用炒的雞瓜一拌就是。」

劉姥姥聽了，搖頭吐舌說道：「我的佛祖！倒得十來隻雞來配他，怪道這個味兒！我們莊戶人哪有這功夫和銀子。光聽用那麼多油就心疼死了。慣常裡饞了，頂好弄個東北的扒茄子就算不錯了。」

風姐問道：「姥姥說說『扒茄子』的做法，我讓廚房把你帶來的茄子做了，讓我們也見個新鮮」。 劉姥姥一五一十的說道：「把那細長的帶皮茄子洗淨，抹乾水。鍋裡放不多點油，莊戶人家油金貴著吶！小火加著熱，放進去，慢慢煎著，常不常地輕輕翻著，別煎糊了。也別把皮碰破了。有茄子皮裹著熟得快。等看到整個茄子煎軟了，就著鍋裡的油，放上蔥蒜末，加上醬油，糖，鹽，再整點麵醬也行，炒香。放上點水，蓋上鍋蓋燉一會就行了。」

吩咐下去後，沒等一袋煙的功夫，扒茄子就熱騰騰地端了上來。賈母讓風姐給搛了些，細細地品了品，嘆了口氣。風姐趕忙問到：「可是不合老祖宗口味？」賈母搖搖頭，轉過臉去對劉姥姥說：「這個味道我在和寶玉他們這麼大時還能嘗到。老天造出來的味道就是好。」眾人嘗後，都說這菜落胃。就連慣常挑剔的林黛玉也禁不住多吃了些。

最後賈母把她最心疼的，嬌來寵去養不好的兩個「玉」，讓劉姥姥帶到鄉下去「農家樂」，結果兩個人不想回來了。還買了個小莊園，心情也好了，身體也壯了，詩作也豁達開朗了。寶玉寫了一篇《陋室銘》：山不在高，有仙則名。水不在深，有龍則靈。斯是陋室，惟吾德馨。苔痕上階綠，草色入簾青。談笑有鴻儒，往來無白丁。可以調素琴，閱金經。無絲竹之亂耳，無案牘之勞形。南陽諸葛廬，西蜀子雲亭。孔子云：「何陋之有？」

黛玉和詩一首就是：結廬在人境，而無車馬喧。問君何能爾？心遠地自偏。採菊東籬下，悠然見南山。山氣日夕佳，飛鳥相與還。此中有真意，欲辨已忘言。

最後的結局，是鳳姐、惜春、湘雲、妙玉等人紛紛投奔他們而去，留下了大觀園內座座空寂的紅樓。

農場的生活可以有兩方面的作用：一是回歸自然，二是回歸自我。這能讓你感受「人生一世，草木一秋」的道理，很多事情該看淡的看淡，該看輕的看輕，該放鬆的放鬆。

就像孔子見老子時，孔丘佇立黃河岸邊嘆曰：「逝者如斯夫，不舍晝夜！黃河之水奔騰不息，人之年華流逝不止，河水不知何處去，人生不知何處歸？」

聞孔丘此語，老子道：「人生天地之間，乃與天地一體也。天地，自然之物也；人生，亦自然之物；人有幼、少、壯、老之變化，猶如天地有春、夏、秋、冬之交替，有何悲乎？生於自然，死於自然，任其自然，則本性不亂；不任自

然，奔忙於仁義之間，則本性羈絆。功名存於心，則焦慮之情生；利欲留於心，則煩惱之情增。」

老子講了一個輪迴，農場裡的生活能在送走舊的交替輪迴之後，它讓你看到「春風吹又生」的生機，讓你的心情變得比老子和孔子更陽光些。提醒你該熱愛的熱愛，該珍惜的珍惜，該高興時高興，該讓它過去的就讓它過去。呼吸的新鮮空氣、活動的筋骨，就像大笨鐘的鐘擺，讓你思想的指標以舒暢的節奏走下去。

現代人把一些有益的因素加以昇華和包裝，於是我們在喧鬧的城市裡有了心理醫生、健身房和氧吧。想像一下你在氧吧裡健身，旁邊擺著最新鮮的水果，還站著個心理醫生為你答疑解惑，安慰疏導的感覺吧！我覺得，能做到了然長遠並享受現在的人是幸福的。休閒農場就是這樣一個培養這種幸福感覺的「小花盆」。

就像「道化賢良，釋化愚」一樣，在休閒農場裡，有不同需要的人士比較容易各得所需。譬如願意深度思考的，有時間和空間讓你的思想飛翔；願意啥都不想的，有足夠的景物和收穫讓你享受當下的感覺。休閒農場的生活，當然能讓一個願意滿足於當農民的人當上農民，但是把這種融於自然的生活，完全定義成清心寡欲的悠閒和簡單，就不那麼準確了。

人類從農業生活裡參悟到的「道」有很多，有名的有牛頓看到蘋果從樹上掉下來，從而提出了「萬有引力定律」。

也許你會說：「這個故事多是一種哄孩子的傳奇，不可信。不然的話，你的果園裡成千上萬的櫻桃、蘋果、李子和杏，整天劈裡啪啦地掉在地上，也沒見你發現過什麼定律。」這句話本身其實也隱含著一條定律，就叫做「人跟人是不同的」。正因為有了這種不同，我們才有了這個絢麗多彩的世界。

傳奇色彩少些的例子有很多。譬如美國法律系統的「毒樹果實理論」，即「非法來源獲得的原始證據，會使此後合法取得的證據不足為信」。經濟學上的「酸李子理論」，一個意思是說「一種大家都易看得到或想得到很賺錢的買賣，往往會有陷阱」；另一個意思是「甜李子或是被摘走或是掉到地上，不會留在樹上」。對此一個有實際意義的啟示，就是怎樣讓你的老顧客，不要成為中看不中吃的酸李子。還有不少人用到的「決策樹」方法，像大樹樹幹分成幾個枝杈，每個枝杈又分成幾個樹枝，樹枝再分成梢枝。所得到的結論就是，複雜的問題可以分解成一些簡單事件的組合。外加更近的時間，有人在社會或心理方面冠以的「大樹理論」等。

老子說「道法自然」，指的是道效法或遵循自然，也就是說萬事萬物的運行法則都是遵守自然規律的。如果你身在農場這樣一個幫助人放寬心懷、解除桎梏的環境中，心裡仍惦記著更大的目標，與花草樹木的互動會不時地摩擦出思想的火花。正所謂：只有簡單的人，沒有簡單的事。

假如需要從心理學上，找到一部分人喜歡休閒農場生活的理論根據的話，當代最偉大的心理學家之一馬斯洛

（Abraham Harold Maslow），把人的需要從低到高分成五個層次：

1. 生理需要：生理需要指與生存相關的需要，是我們同其它動物所共有的，這類需要包括食物、水、性交、排泄和睡眠等需要。這是一種最基本的需要，也就是「衣食男女」之類。

2. 安全需要：當生理需要相對充分地得到了滿足，安全需要就作為支配動機出現了，它包括對組織、秩序、安全感和可預見性等需要。

3. 歸屬和愛的需要：假如生理需要和安全需要都很好地得到了滿足，愛、感情和歸屬的需要就會產生。如果這種需要不能滿足，人將感到孤獨和空虛。

4. 自尊需要：除少數病態的人之外，社會上所有的人都有一種對於他們的穩定的、牢固不變的、通常較高的評價的需要和欲望，有一種對於自尊、自重和來自他人的尊重的需要和欲望。當生理需要、安全需要、歸屬和愛的需要得到滿足後，便會產生自尊需要。自尊需要的滿足會產生自信的感覺，否則就會產生自卑的心理。

5. 自我實現需要：如果全部低層次的需要都得到滿足，那麼這個人就會達到成為極少數的自我實現者之一的境界中。所謂自我實現，指「一個人能夠成為什麼，他就必須成為什麼，他必忠實於他自己的本性，對於自我發揮和完成的欲望，也就是一種使它的潛力得以實現的傾向」。在這一層次上，個人間形式上的差異較大。

馬斯洛對沿用自然科學中機械論的思路進行心理學研究持批評態度，但五個需要層次鮮明的劃分，顯出他的出發點有自相矛盾之處。對於一個人來說，各個層次的需求會在不同程度上同時存在，而不見得非要在低層次的需求得到很好滿足後，才會產生更高層次的需求。後人在他的五個層次基礎上，試圖找到一種能連續和全面衡量人的需求的方式。人窮會志短，但沒說人窮肯定無志。譬如「不食嗟來之食」的故事，就是一個餓得快死之人，卻具備強烈自尊需要的例證。

小時候父親曾經教導要尊重別人，包括那些別人看不起的人。說是單位上一位感覺不錯的江管理員，有一次拉車上不了一個陡坡。大太陽下，前後見不到人。等了好一陣，看到走來了一個姓余的同事，這位在單位上沒幾個人尊重他，大人小孩都直呼他小老余。江先生於是揚聲叫到：「嗨！小老余，來幫我推上去。」哪知小老余衝他一扭臉說了聲：「哼！你也有用到我的時候。」邊說邊揚長而去。事情本身帶些功利色彩，但小老余的表現，顯示的是一個歸屬需求沒有滿足的人，同時對自尊的需要。

另外，我對他暗指人才會有更高層次的需要也有些困惑。像狼形成狼群，爭當頭狼應該不僅僅是第一層次的需要。

回想一下自己在做白領時的生活，兩個星期領一次工資，每天按時上班，年年有假期，下班後一出辦公室，基本上就不想工作上的事。穩定的工資能讓我衣食無憂，多餘的

交養老金，存銀行、買房子、為退休做準備。走在上班族的人流裡，會感到自己和這些人一樣，鮮亮的辦公樓裡也有自己的一個位子，打拼多年，當初看似令人仰視的機會，有不少都抓到了手裡。這都是好事，但看人臉色，仰人鼻息，受人驅使，為人做嫁衣。看似養尊處優、術有所專，在精神層面上卻總有類似一隻圈養動物的感覺。內心裡不時地問自己：「這就是我這一輩子要的生活嗎？」對照馬斯洛的層次，前三個層次的需求，在個人的能力和運氣所及基本得到了滿足，第四個層次得到某些滿足，而第五個層次的需要虧欠的較多。

有不少人把在職場上的成功看做是一種自我實現，也就是要在眾人眼裡成為自己希望成為的那種人，職場就是他們的「農場」，這不光無可厚非，而且應該算是一種高人。但金字塔尖上立足點這麼小，又能容得下幾人？對大多數人來說，樂觀點的人說「比上不足，比下有餘」，悲觀點的人講「人比人得死，貨比貨得扔」。大多數人的自我實現，多多少少都要到更廣闊的領域裡，去尋找實現的機會。在我的情況裡，農場中閑雲野鶴的生活，是填補長年積累下的第四和第五層次裡虧欠的一種途徑。在這一個相對封閉的環境下，帶著少的多地顧慮去想去試，去追尋自我發揮和完成的欲望。在這裡不需要別人的喝彩，綠油油的樹葉，鮮豔豔的花，壓枝盈樹的果，和不斷對新種植品種和方式的嘗試，透出來的都是對一分汗水、一分收穫的承認和讚揚。職場和農場的環境看似不同，鍾情其中的兩種人卻有著共同之處，那就是一種使自己的潛力得以實現，使本性得以釋放的傾向。

多少時候，心裡明明希望去做什麼，卻總是因各種原因忍下來。通常這些原因都不是什麼多麼重大的原因，甚至很多在此後的生活中，似乎已經不了了之。但是各種小事小情一點點地積累在心中，慢慢地就感到了一種說不出、道不明的負擔。「自己有個小農場」這個心願，壓在心底十多年，這倒是應了那句話：「秀才造反，三年不成」。在慢慢地經歷了足夠多的起起伏伏之後，壓在心上的思慮雜念，一點點地被不時浮上來的這個心願推向了旁邊，自己確實想做的事，變得越來越明晰。即使上面東拼西湊、牽強附會地引經據典的理由和理論都不成立，那又有何妨。有一種人生快事，就是能在自己還不太老的時候，達到了這樣的一種境界，即，做人做事用不著找這樣那樣的理論和理由，一句「有錢難買願意」就足夠了。正像陶淵明說的那樣：寓形宇內復幾時，曷不委心任去留。人生只有一次，對個人來說，能夠按自己的心願生活，是一種最高幸福。

果樹交響曲

沒有等到除完草，樹上的春芽就開始萌動。山坡上從高到低，粉的、白的、紅的花開放了起來。一個人欣賞幾百棵花樹，這是一個讓人感到愜意，和希望與家人共用的時間，可惜他們現在更習慣生活在鋼筋水泥組成的森林裡。改變一

種思維或生活習慣一般是很難的，就像我一直懷有的對農耕生活方式的認同感，而家裡其他人對城市裡方便的生活更適應一樣。這又一次說明，人和人是不同的，即使是同為一家人。

看著滿樹的櫻桃花朵，不禁會想像秋天裡果實滿枝的情景。但等到花落後，卻好像沒有多少花座果，又不禁惶惑起來，有那麼幾天不停地去看、翻書找原因。直到十一月份，樹上的櫻桃開始由青變紅，果和葉能明顯的區別開來後，才感到果子還是不少的。

有句話叫「懶人養好花」，這可不是一句偷懶的托詞。其中的道理，在柳宗元《種樹郭橐駝傳》中說的：要想樹長得好，重要的是順應樹木的天性，把樹根舒展開，培好土，根下多用原來的「姥娘土」，再把土搗實。該做到的做好後，就不要再憂慮。栽種時要像對待孩子一樣細心，栽好後置於一旁，要像拋棄了它們一樣，那麼樹木的天性才能得以保全，習性得以實現。如果種樹後，早晨去看看，晚上又去摸摸，甚至摳破樹皮來觀察它是死是活著，搖晃樹幹來看它是否栽結實了，這樣看起來是喜愛它，實際上卻是害了它，雖說是擔心它，實際上是仇恨它。養樹就像從小到大地培養孩子一樣，孩子在成長的過程中，有多少讓人操心的事，類似的惶惑，每個做父母都會有過。在這裡借用臺灣黑幼龍先生的家教心得：「慢養孩子，靜待花開」。不要去揠苗助長，少些焦慮傍徨，給孩子提供一個安全、營養、健康的環境，以放鬆的心情，欣賞他們的成長。

　　侍弄樹真有點像帶孩子，對孩子的成長心裡不要老著急，但手上需要忙活的事情不斷，特別是要給這幾百棵「樹孩子」創造個好的生長條件。果園裡這邊的事還沒忙完，那邊的事又來了。隨著新葉的出現，蚜蟲開始在枝頭嫩葉上活躍起來，緊跟著鼻涕蟲把葉子吃成了細紗網。書上說，只要有足夠的瓢蟲等益蟲，害蟲基本能被控制住。但觀察了幾天，發現瓢蟲是有不少，但對牠們來說食物太過豐盛。為了不撐壞這些義務工們，剩下的辦法就是噴藥了。噴一次不行，隔兩個星期再來第二遍。看看離果實採摘期只有五、六個星期了，只好停下來，等摘完果子之後再補救了。再說果農新的天敵這時也開始登場了，這就是那些美麗的鳥們，對付牠們最直接的辦法，就是給樹罩上防鳥網。

萬綠叢中千點紅

　　澳洲的鳥可說是很多很多，長得好看的，叫得好聽的，房前屋後都能看到。每天早上不用上鬧鈴，窗外的鳥鳴就會告訴你到了日出而作的時間了。閒來無事時，清晨躺在舒適的床上，聽著窗前樹上鳥兒們長長短短、高高低低的叫聲，白天坐在門前屋後涼篷下，看看鳥兒們在草坪上跳來跳去，樹杈間飛來飛去。傍晚鳥兒歸巢前，還有一段沒有指揮的交響曲，這聽聽看看也是一件樂事。但對果農來說，這就完全是另一回事。特別是在水果成熟的季節，不加意防護的話，他們能讓你的水果蕩然無存。高坡上果子先紅了的幾棵樹上，頭一天果子還掛在枝頭，第二天就能渺無蹤影。

　　大鳥挑又大又好看的連吃帶碰自不用說，就連那種體型很小的鳥，也會在果子上東琢一口、西琢一口的，給像黑色千足蟲、歐洲土蜂這樣害蟲的進一步蠶食創造可乘之機。往往看到一個又大又好的果子，但摘下來一看，上面已經有了一個細細的小眼。特別是在果子剛剛開始成熟時，摘下來的好果子一多半已被鳥率先置喙。即使罩上防護網，也只能是減輕一些損失，牠們可說是無孔不入。體型小，飛行動作靈巧的，見個縫就鑽進網子內，東叮西啄。體型太大，動作笨點的就站在網子頂上，隔著網把能搆著的果子啄得一片狼藉。

　　為了保護好一棵特晚熟的，品種叫「威廉姆斯夫人」的蘋果樹，我特意加了雙層網，但每次經過都能看到網子外面有幾隻鳥轉悠。終於從一天開始，看到網子裡鑽進鳥了。一種是羅塞拉鸚鵡，身上的羽毛藍綠紅橙，色彩豔麗。吃起果

子來，看似不緊不慢，身體可以穩定成不同姿勢，角度再難
的果子也能摳得著。另一種鳥翻譯名字叫「小烏鴉」，羽毛
黑褐，尖嘴長脖，有時隔著網子也照吃不誤。剛開始發現牠
們找到鑽進網子的竅門後，連著幾天嚇唬一下，把牠們趕出
來就算了。可往往是人一離開，牠們又鑽進去。最後決心給
牠們點教訓，此後再看到有鳥鑽進去，我就伸進一把鍬把，
趕著打，直到牠們闖對地方逃出去為止。這樣不至於重傷牠
們，但足以使其感受到大禍臨頭。

　　有一次一隻小烏鴉在追打下鑽出了網子，卻沒立即飛
走，而是側身躺在下垂的網子上。我想大概是打傷牠了，就
俯身看個究竟。只見牠瞪著我，嘎嘎地叫了兩聲。那神情和
聲調，彷彿就像孫悟空偷人參果時對土地說的那樣：「這果
子是樹上結的，空中過鳥也該有分，老孫就吃他一個，有何
大害？」待我一抖網子，牠展翅就飛。一邊飛，又嘎嘎地大
叫兩聲，這次像極了「喜羊羊和灰太狼」中灰太狼被打飛時，
發出的那聲「我還會再回來的…」。要說這可真不是嚇唬人，
有天上午剛走近一行樹，就聽到一片響亮地鳥受驚後翅膀拍
打網子和樹枝葉的聲音。當時心裡一沉，暗叫不好，仔細一
看，果然是防鳥網變成了關鳥籠，果子能剩多少，連看都不
用看了。

　　據說，在果實變色之前就罩網效果會大不相同。解釋的
原因是鳥們不太聰明，記憶力可能也不太好。去年吃過的果
子，到今年就記不起來了。只要新季開始沒讓牠們有機會
嘗鮮，牠們就不會想盡辦法鑽網子，聽起來彷彿像人嬰幼兒

時期的智力和記憶力。這種辦法是不是管用沒試過，這種解釋合不合理也沒查到。看到的是其它果園，有的是用網，有的用猛禽模型加模仿聲音，先進點的用聲波或定時模擬的槍響。在我的園裡，最後估計一下，罩網的櫻桃損失了 30-40%，沒罩的桃、杏、蘋果只收了 30-40%。帶皮的核桃基本沒損失，這要拜託果園周圍還沒有出現澳洲的葵花鳳頭鸚鵡。這種鸚鵡身長能達半米，用爪子抓住核桃，嘴能把尚未完全變硬的核桃皮咬開。薄皮的板栗怪罪不到鳥，但落地後基本被跳進果園的袋鼠收進了肚囊。至於袋鼠是怎樣把帶刺的外皮弄掉的，則一直沒有機會看到。可能是等外皮自己裂開後，再下爪？

動物是人的朋友，從廣義的層面上來說是對的。但到了具體事上，就要具體問題具體分析了。對果農來說，鳥幫助滅蟲授粉，保持生態平衡，但到了果實成熟，這種關係就基本演化成了一種競爭。期盼果實一年後，採一個果子，發現鳥已經在上面啄了個洞，心裡還會感到沒什麼。但在連著採了四、五個，發現個個都要扔時，心裡還能平靜如水，這樣的人大概是一個修行到家的人，或是一個不講任何條件的動物愛好者。我顯然不屬於這兩種人，在現實中屁股決定腦袋的事情比比皆是。做為一個把自己看作是農民的新手來說，遇到這種情況，腦子裡蹦出來的詞常常是：怒從心頭起，惡向膽邊生。

讓人感到不解的是，鳥和其它野生動物似乎對李子的興趣不是太大。直到最後的收穫季節，仍然有不少完整的

Damson 品種的李子掛在樹上。這種李子單個果子不是太大，紫皮、果肉淺黃，屬於成熟最晚的品種之一，幾十棵成年樹上果實累累，常用來做果醬等。可惜現在人用的越來越少，只能看著它們繼續掛在樹上。有句老話說的是「杏傷人，桃養人，李子樹下埋死人」，會不會是這句老話對動物也適用。為健康和安全起見，把《搜狐健康》上對這句老話的解釋完整抄錄如下：

　　桃，性溫，有滋補作用，在現實生活中很少有人吃多了桃子有什麼不適；杏，性熱，很多人有吃杏多了上火的經歷；李子，性涼，對肝臟有益，但是吃多了容易拉肚子，很多人有這樣的體會。這樣看來，桃可以多吃，杏、李子要少吃。其實「桃養人，杏傷人，李子樹下埋死人」主要是強調吃水果帶來的危害。古人的飲食結構中肉類食物佔的比例很少，飲食清淡，所以那時候人們的體質偏虛寒，容易患上的疾病多為寒證，所以養生保健方面提倡溫補養陽。桃性溫，符合這一原則，而且較平和，常吃多吃無害，於是就有了「桃養人」一說。杏性熱，容易上火，不宜多吃，所以有「杏傷人」的說法。李子性涼，與這一原則相悖，而且涼性食物吃多了傷脾，這就是李子吃多了會拉肚子的原因。脾為後天之本，脾虛的話，吃下去的食物不容易消化吸收，這在古代是很危險的，食物不消化，跟不吃飯差不多，會餓死的，於是有了「李子樹下埋死人」的說法。

　　由此看來，李子是吃多了危害最大的，那麼，我們還要不要吃李子呢？食物有利還是有害不是絕對的，時代在變

化，人們的飲食結構、體質也在變化，現代人飲食結構中肉類佔的比例較多，體質多偏熱，吃點李子倒是更有利於健康。

從上面的解釋看，那些以素食為主的鳥，可能像古人一樣，體質偏虛寒，應該是不太喜歡李子。當然，也許是比李子好吃的東西太多，鳥也慣的挑起食來了。有其弊必有其利，在澳洲，有便秘的問題時，醫生可能會建議你在去藥店之前，先到食品店買點李子汁喝。

十一月中旬，沒等除草全部完成，眼看著種在高處的早熟品種櫻桃開始由紅變紫。救火式的忙了近三個月，終於嘗到了櫻桃。老話說，櫻桃好吃樹難栽。這是因為花的授粉本來就是個碰運氣的事，就算開花時不遇霜凍，幾十年前的櫻桃樹品種不是自花授粉，一個品種的櫻桃樹，需要和其它合適的品種在一起才能結果。不懂行的人想在自家院子裡種出櫻桃，的確不是太容易。現在的櫻桃新品種均能自花授粉，即使只種一棵樹，它也會結果。同時，新品種的樹型也比老品種小很多，這樣方便管理和採摘。順便說一句，櫻桃有甜櫻桃和酸櫻桃兩大類。甜櫻桃可直接鮮食，而酸櫻桃鮮食太酸，需要做熟後才好吃。如果那次你摘得櫻桃吃起來很酸，先別怨樹不好，沒準這樹本本分分努力一年，結的就該是酸櫻桃。

收櫻桃的過程基本上也是吃櫻桃的過程。見到又大又好看的，就先吃為快，享受一下先眾人之樂而樂的心情。有時候大櫻桃就在眼前晃當，張嘴咬下，扭頭吐核，也算感受了

一下什麼叫做「飯來張口」。一個採收期下來，估計直接在樹上就吃了幾百個園子裡最好的櫻桃。這個經歷，不由人想到孫悟空在蟠桃園裡的幸福生活，在五指山下吃喝了五百年的銅汁鐵球後，可以理解能從樹上摘最好的鮮果吃，該是多麼令他嚮往，估計這也是他一口答應去取經的原因之一。這種原因肯定不能在書上寫出來，否則多麼有損孫悟空急公盡義的形象。如果真是這樣，在仰慕他衝天本領的同時，也應該再加上一句：可憐的小猴子。這差不多能涵蓋了人們對孫悟空的感覺了吧！

Post Card

Post!

過幾天就能摘的紫櫻桃，但此時吃起來感覺最為脆爽

在和原主人辦交接時，他就一再說：吃他櫻桃的人，都說這裡的櫻桃好吃。當時，我出於禮貌點頭微笑稱是，心裡邊不免認為他是在王婆賣瓜，那些說好的人，是吃人家的嘴軟。現在自己的新櫻桃下來了，根本不會再去嘗別的櫻桃。去年吃的櫻桃是什麼味道早就沒了印象，所以也沒法比較，這點和別人說的「小鳥沒機會嘗鮮，就不知道櫻桃好吃」倒有幾分相像。直到把櫻桃拿到幾個菜店裡，看著經理們抓起櫻桃放在嘴了，沒等咽下去，深深眼窩裡黑眼珠或藍眼珠就瞪著你，一邊點頭，一邊從嘴裡和喉嚨裡發出「嗯！嗯！」的聲音時，才相信原主人所言不虛。商業性果園裡長的櫻桃，不少能達到直徑 26 毫米大小，甚至 32 毫米；我這裡的櫻桃基本在 22 至 24，按原主人的解釋，他不用化學肥料和激素肥，常用的是像「血骨肥」這樣的有機肥，這也許就是櫻桃個頭小但味道好的原因。後來我拿市場上又大又紫的櫻桃，與我的小櫻桃做了個對比嘗試。大櫻桃發甜但味道單一，小櫻桃嘗起來味道更豐富，也就是別人嘗後所說的「有櫻桃味」。

過去自己家裡不產櫻桃時，買來櫻桃嘗鮮都不夠，不要說用它們做別的了。現在有條件鋪張一下了。採來的櫻桃，除了隔三差五的送鄰居、送朋友、送菜店外，就開始琢磨能不能變點其它花樣出來。

首先試的是冰凍。櫻桃洗淨、陰乾，放在密封容器裡，然後放進冰箱冷凍室。過兩天取出來一看，效果不錯。特別是在天熱、口乾舌燥時，吃上幾粒，感到挺舒服，並且這樣

能長期保存。孩子給它起名叫「櫻桃冰球」，100% 純果汁，無添加劑、防腐劑。再一種享受方法，是把冰凍的櫻桃放進紅葡萄或白葡萄酒杯裡，一是起到冰鎮的作用，二是賞心悅目加添味，酒的單一顏色中平添一些情趣。

對門的鄰居在烹調上點子多，我於是鼓勵她試試櫻桃，並給她送過去幾大袋賣相不夠好的櫻桃。輕易得不到櫻桃做原料，鄰居高高興興的開始試驗。過了幾天，我就嘗到了烘烤櫻桃餅，櫻桃果丹皮，櫻桃醬和糖水煮櫻桃。嘗起來都不錯，但最好的是「糖水煮櫻桃」。她在鍋裡放入糖和水，紫櫻桃去核，再配上幾樣馬來西亞香料，小火慢煮到汁濃色重。剛開始時把它當果醬用，沒什麼太特別的。有次偶爾靈機一動，把它澆在冰淇淋上，馬上顯出了與眾不同。櫻桃混合著微微的香料味，使普通的冰淇淋在品相和味道上發生顯著變化。在朋友聚會時，特意買了超市里最簡單的冰淇淋，兩者一配，廣受好評。我於是給它起了個名字，叫「冰淇淋伴侶」。

櫻桃採到十二月底才算結束，一個季節吃的櫻桃，估計比過去十年加起來都要多，以至於把家裡的人對櫻桃的稀罕感給徹底破壞掉了，真是物稀才貴。

櫻桃季後沒多久，第一批杏就熟了。接下來就是李、桃、蘋果、葡萄、無花果、核桃。等到外形像大黃梨的榲桲摘下來時，已經是將要入冬的五月中。到此，除了依然掛在樹上，讓你隨吃隨摘得晚熟蘋果外，採摘才算結束。

Post Card

MAIL

沒罩網子的杏，
結果……你懂的

　　本來杏、桃、蘋果和李子都能收不少，可惜有了大量的櫻桃在先，它們只能成為一些不太受重視的配角了，以至於連防鳥網都沒架上。儘管不太受重視，這些果樹依然在盡己所能地開花、結果，並不時給人一些驚喜。首先讓我刮目相看的，是一種可能叫 Mariposa 或 Satsuma 的李子品種。這是一種紅皮紅肉的品種，滿園裡只有三棵這樣的果樹。儘管樹上果實累累，從樹下走過幾次也沒太重視它。兩棵長在高處陽坡上的樹，結果較早。樹上的果子早已蕩然無存。因為現在流行的是那些從裡到外紅得發紫的品種，這種紅顏色的很少有人喜歡。直到有一天正巧路過最後一棵樹時，感到嗓子發乾，才順手摘了一枚放在嘴裡。原打算咬一口就扔了，沒

想到嘗起來甜中帶酸，汁濃味美，一連吃了幾枚方才罷口，後悔沒早點發現。多施點肥，保護好之餘，趕緊搬來梯子，上樹採摘。摘的果子又送了一圈鄰居、朋友，其餘的自己鮮吃，曬李子乾、做李子果醬和果丹皮。這件事裡面的道理，和育兒、員工管理的道理倒有幾分相通之處。像父母們羨慕別人的孩子得了這獎那獎，而對自己孩子的長處卻不加意培養。老闆們願花大價錢請名人出謀劃策，但不願多花點時間聽聽員工的建議。還是應該多注意自己身邊那些沒有紅到發紫的「李子」吧！他們的味道毫不遜色，嘗起來別有一番風味，值得珍惜。

紅皮甜李子，以後不會再忘記你。

另一次是一棵蘋果樹。它和其它幾棵晚熟品種長在一起，旁邊還有棵大樹把它遮了個難見陽光，管理的也不好。整棵樹長得委委屈屈的樣子，不太招人喜歡。幾條又細又長的枝條上雖然長滿了果子，但每次走到它跟前的時候，都已經嘗夠了其它樹上還遠不到成熟期的果子，對這棵不起眼樹上長什麼，已經沒了多少興趣。也是直到偶爾一次嘗到它的鮮美，才忙不迭地收了起來。後來查書，到水果店對比，確認它的品種是「喬納森」，這是一個中早熟品種。

再就是那幾棵葡萄。舅舅不疼姥姥不愛地長在那裡，既沒施肥，也少澆水。結的白葡萄很小。原打算把它們忽略不計了，後來受其它教訓的影響，摘了幾粒嘗嘗，才發現是很甜的無籽葡萄，並帶有淡淡的香氣，它可能是一種小粒麝香葡萄。於是在隨後的一段時間裡，餐桌上總是擺著一大盤白葡萄配著紅的、紫的李子蘋果。愛拿我這個蹩腳農夫消遣的家人，把它聯繫到電影上，傲慢國王從面前桌上盤子裡抓葡萄吃的場景，於是這些差點就餵了鳥的水果，也在人眼中生輝不少。

知道了它們的內在美，我打算以後在管理上要加強，同時開始嫁接這些果樹。果子呀！真是和人生活的道理有些相似。你可以長得不起眼，可以長得不是地方，可以有比你更有魅力的長在你身邊，你也可以來的時間不太對，這些可能都不是你所能控制和把握的。但只要你具備好的素質，集中精力做好自己能做的事情，被賞識的機會是很多的。即使是「馮唐易老」，機會總是擦肩而過，你不是還有為自己的豐

富內涵而驕傲的底氣在嘛！

　　在我的地裡的幾棵成年榅桲樹，在靠近邊界的地方生長。春天看到它們開著單瓣粉色的花，但不知道是什麼樹。有次因為它們的幾個樹枝越過邊界，擋了鄰居的車道，鄰居要求把它們砍了，當時差點犯錯誤答應了他。這也是一個經驗教訓。在沒搞懂情況的時候，別急著做決定。就像在這裡買房子一樣，看一眼就簽合同的人，一般有兩類。一類是特別懂行的，另一類是懂得很少的。對農場裡的很多事，我基本算外行，凡事一聽，二看，三決定才不會出大錯。

　　榅桲是一種不太有名的水果，不少人把它當蘋果或梨，成熟時像個金黃大梨。結果一咬，又酸又硬，於是就不再碰它。它原本產自亞洲中部和西南部，包括新疆地區，當地炎熱的夏季可使其充分成熟、變甜，從而適合於鮮食。但在溫帶氣候條件下，它無法完全成熟。食用方法是用它來做果醬，烤肉和蘋果餅配料等。它本身有一種好聞的香氣，《果蔬百科網》上提到榅桲還是一種中藥材：

　　可以入脾經和胃經，它進入人體以後可以補虛、補脾，也能行散，是溫中下氣和消除積食用良好選擇，對人類的因積食引發的腹痛和吐酸水等不良症狀，有很好的恢復作用。

　　還有：

　　桲入藥以後可以發散也可以化濁，能清除人體內部

的濁氣，對人類的口臭有很好的消除作用，另外榲桲可以提高人類的解毒能力，對人體中酒精毒素有快速分解的作用，同時也消除人們醉酒後嘴裡的酸臭氣息。

COOKING 一種製作果醬的配方

☑ 6 份榲桲
☑ 4.25 份水
☑ 0.25 份檸檬汁
☑ 少量檸檬表層黃皮
☑ 4 份糖

步驟 1：榲桲洗淨去核，切塊，放入食品加工機打碎。
步驟 2：厚底鍋內加水，燒開。放入榲桲，檸檬汁，檸檬表層黃皮，改小火煮至榲桲變軟（大約10分鐘左右）。
步驟 3：加糖，加火燒開鍋，攪拌使糖充分溶化。然後調到中火，打開鍋蓋並不時攪拌，直到其變成黏稠適度的粉紅色。這個過程大約 30 至 50 分鐘。
步驟 4：趁熱放入高溫殺菌的熱容器中，密封。

　　我在試著做榲桲醬時，把它表皮的絨毛洗淨，表皮不需要去掉，切成八瓣，切去木質感的核部，再切成小塊。鍋裡稍加點水，小到中火煮。煮軟後加糖，並不時攪拌。糖加的量視自己口味，酸甜適口就行。烹調指南上說，要煮和攪到顏色變成粉紅色。我沒這種耐心，看看差不多就停火。趁熱裝瓶密封，放在冰箱裡，口感和味道沒有變色果醬的好，保存期也不太長。希望營養成分保留的能多些吧！早餐時，麵包片上放上厚厚一層不太甜的榲桲醬，感覺挺好的，太甜反而吃的少。

　　在採收的過程中，逐漸地看出來原來主人在選樹時所花的心思。各個季節的果樹都有，每種水果又分別栽種了早、中、晚品種；從春末夏初一直到冬季，基本上是鮮果不斷。按採摘先後大致的時間順序分一下：

十一月份：櫻桃品種 Bing，Van 和 Vista；枇杷果。

十二月份：櫻桃品種 Stella 和 Lapins。

一月份：杏品種 Trevatt 和 Moorpark；油桃品種 Fantasia。

二月份：桃品種 O'Henry；蘋果品種金帥，喬納森，李子品種 Mariposa，Satsuma 和 Narrabeen；無花果品種 Preston 和 Brown Turkey。

三月份：桃品種 Golden Queen；無籽白葡萄品種 Muscat；蘋果品種富士；李子品種 Damson；薄皮小核桃；無花果。

四月份：李子品種 Damson；榲桲。

五月份至八月份（冬季結束）：蘋果品種 Lady Williams；柳丁和桔子。

　　蘋果品種 Lady Williams 是一個值得一提的品種。它本身知名度好像不是太高，市面上很少見到，但利用它培養的現代品種卻為人熟知。如市場上常見的粉紅女士，和最晚成熟的（採收始於五月）桑道納爾（Sundowner）蘋果。

　　Lady Williams 顏色紅亮，口感脆。最大的特點是特別晚熟。五月份開始採摘，直到冬季結束的八月份，整個冬季都可以隨吃隨摘。八月份摘下來後，果實繼續糖化，一般儲存條件下，可以保存到十一到十二月份，也就是新季節的櫻桃下樹的時節，不需要冷庫條件。

　　這個品種的誕生本身也是一個故事。那是在 1935 年，家住西澳大利亞州的威廉姆斯夫婦在自家房邊看到了一棵小蘋果實生苗，也就是直接從種子發芽長成的苗。實生苗結的果子有很大的不確定性，結出好果子的概率很低；這就是為什麼現在的絕大部分商品果樹苗，都是用已知好品種果樹的接穗嫁接而來，不少的實生苗用來做這些好品種接穗的砧木或台木。

　　這棵蘋果苗有兩次差點就毀於他們兒子的手中，但都被女主人救活了過來。到第五年開始結果，此後結果量逐漸增加。大概在 1950 年，他們把蘋果送到市場試賣。結果售價達到每箱 3 到 3.1 英磅，而當時受人喜歡的 Red Delicious 是

2 到 2.1 英磅。兩年後，有人開始嫁接這個品種，這標誌著它做為一個新品種開始傳播起來了。威廉姆斯女士於 1968 年去世，和很多發明家，發現者一樣，她沒能看到在她的保護下成長起來的那棵小蘋果樹，為整個蘋果種植業帶來的影響。

這又是一個現實版「伯樂與千里馬」的故事。這棵小苗的種子，因為連它自己都不清楚的原因，具備了千千萬萬種子所沒有的，能結出好吃果實和旺盛生命力的基因。它又由自己無法掌控的力量，把它送到了這塊給它條件生根發芽、恢復、成長、開花結果地方。同時又機緣巧合地，讓威廉姆斯夫婦及時發現和保護了它。這也就是常聽常說的「天時、地利、人和」吧！

如果它是個人的話，還可以加上第四條：「不怕苦，不怕難，受挫折時永不放棄的精神」。籠統地說起來，一個人靠自己不停地勤奮努力，可以為自己創造一種活下去的條件。若你想達到那種被稱之為成功的境界，這四種成長因素缺一不可。小時候不時聽到的一句立志格言是「成功等於一分的天分加九十九分的努力」，這在某些特殊情況下可能適用，但在大多數情況下卻是一種偏頗的說教。

同樣，對現在社會上的成功故事，也應該有一個全面的認識。有句話叫「時勢造英雄」，具有英雄潛質的人應該很多，要想把它發揮出來，他們需要不斷地努力奮鬥，和大大小小比競爭者更正確些的判斷，讓自己能站到「風口」上。這個過程中，有很多因素是超出當事者的控制範圍的。從這

個角度看，說「成功者是時勢的寵兒」更貼近實際。

大大小小的現實版伯樂與千里馬故事，每天都會發生在我們的生活裡。即使不是這類故事裡的角色而得到眾目所矚，我們也有機會受益；所以應該為伯樂和千里馬們感到高興。從這個現實版的伯樂與千里馬的故事，我的直接受益就是：這幾棵種在農場裡的威廉姆斯夫人果樹，能讓我到新季櫻桃下樹前，一直有蘋果吃。

做個有「道德」的農夫

侍弄果樹裡，「剪枝」是比較有技術含量的。剪枝不當，不僅會影響到來年的產量和品質，有時還會給樹帶來病害。從書上看，各種果樹剪枝的時間也不相同，譬如：蘋果是在冬季，李子是從春季到中秋，櫻桃、桃、杏樹是夏季。有經驗的果農，往往是先站在每棵樹前打量一番，然後再下手。哪些該剪，哪些該留，也都是因樹而定。看到不少商業化的果園，對剪枝採取的是一種「速食店式」的做法，遠遠望去，成片的果樹樹頂被機械齊齊地剪成「小平頭」。我經驗不足，最後決定按照通行的標準做，就是：

一、去除病，死，傷枝；

二、在枝條密集的地方，去弱留強；

三、原有枝條上新長的部分，剪去三分之二；

四、剪掉太低，與壯枝交織或生長方向向上，向內的枝條。

在按通行標準幹完後，剩下的事，就是把每棵樹做個體看待，往好看的方向打扮一下。讓它的各個部分透氣見光，往壯裡長，別長成豆芽，紮成一堆就行了。

至於剪枝的時間，所有的成年樹我都是在收完果子後就剪。

剪枝其實是要講「道德」的。這個帶引號的道德，不是現代規範人們行為的那個道德，而是道德的原有之意。我奶奶說過，對孩子要「嬌吃嬌穿不嬌性」，也就是說家裡好吃好穿的可以儘量滿足孩子，但要想長脾氣耍性子可不行。對果樹也是同樣道理。和施肥、澆水、除蟲、防害的精心呵護一樣，修剪對樹本身和期待它果實的人都有好處。

「道德」這兩個字中，對於「道」這個字的解釋似乎比較統一，基本認為是「道理，規律」的意思。對於「德」的解釋相對要豐富的多。就這個字而言，《百度百科》中的〈漢語詞語〉有這樣的解釋：「德」的字形由「心」、「彳」、「直」三個部件組成。「心」表示與情態、心境有關；「彳」表示與行走、行為有關；「直」，「值」之本字，相遇相當之義。（洪頤煊《讀書叢錄》：「值本作直。」；段玉裁《說文解字注》：「凡彼此相遇相當曰值…古字例以直為值。」）

「直」同時也是「德」原來的讀音，這通常意味著「直」（值）才是「德」字的成義要件。字形本意為「心、行之所值」，是關於人們的心境、行為與什麼水準或什麼狀態相當的判斷。說某人具有某德，就是說某人在某一評價空間中到

達哪裡或站在哪裡，說某德（如清德、和德、上德、下德）什麼樣，就是說到達相應位點的行動者的行為表現會是什麼樣。照我的簡單理解，所謂的德，就是憑良心掂量為人處事是否值得，就像「宰相劉羅鍋」裡唱的「天地之間有桿秤」。

我個人比較贊同的，是青城山上見到的一個對「道德」的解釋。

青城山，中國道教的發源地之一，主流教派全真道聖地，自東漢以來歷經二千多年。東漢順帝漢安二年（西元143年），道教創始人「天師」張陵來到青城山，選中青城山的深幽涵碧，結茅傳道，青城山遂成為道教的發祥地，被道教列為「第五洞天」。

2008年的冬天我第二次去了青城山。不像是第一次去時，東張西望，眼睛忙不過來，這次稍微有閒暇看些細節。走過前面的建福宮，沿著一條窄樓梯上去，迎面看到了一個支架，上面有一張毛筆寫的對「道德」的解釋。具體內容記不全了，要點翻譯成我的理解，就是：「道」指的是「自然的規律」，「德」指的「人的得失」。聯繫起來就是：人在瞭解自然規律後，衡量自身的得失，從而決定自己的進退。這個「得失」，與上文說辭解意中提到的「值」，有更直接的相同之處。我個人感到這個解釋簡單明瞭，切中要點。看一下老子《道德經》的原文，的確是大篇的「欲得反失，得失相伴」的陳列。若有機會再去青城山，會設法打聽一下這個解釋的出處，看是否有高士能請教一番。

　　說到果樹剪枝的道德經，那就是當你打量著果樹，想著怎麼才能讓樹長得更好，果結得更多，這就叫「參道」。拿著園藝剪，確定著那些該留，那些該剪，生怕剪多或剪少了。這就是在權衡得失。這個「果樹道德經」，是需要積累一定的經驗後才能念好的。人和人不同，樹與樹也不一樣。剛開始時，總是怕剪多了，影響結果，結果是樹枝長得過密，果子結得少、小、蟲害多，採摘起來費時費力。正是怕失去，卻更容易失去；想多得，卻更難得到。

　　在糾結了一陣這種「個性化剪枝」後，想想「速食店式」的「小平頭剪枝法」，似乎也有其「道德經」在裡面。老子在《道德經》中寫道：「我無為，而民自化；我好靜，而民自正；我無事，而民自富；我無欲，而民自樸」，而且一再強調無為才能無不為。單從高度和光照方面講，「小平頭」這種方法，給了所有果樹或者樹枝劃出了一個平等的「起跑線」，哪該長，朝哪長，不過多的干預，順其自然，讓樹自己去選擇，效果應該也不錯。

　　伺候了一陣子果樹，再到超市和菜店裡買菜，心境不知不覺也發生了變化。在此之前，果子越大顏色越鮮豔就覺得越好，看到標價時想的是越便宜越好。經歷了管護採摘的辛苦，看到了果樹一年一季下來，果實努力爭光、爭肥、爭水、外加走運才能保留下來的曲曲折折，再看到標價的反應，多多少少地成了：「這麼便宜，以後誰還種水果？」果賤傷農，此言不虛。

　　重新背誦憫農詩裡的「粒粒皆辛苦」，想到的不僅是人的辛苦，還包含了對果樹的體諒。現在種植技術在進步，品種在改良，採摘後的儲存條件今非昔比，果子越來越好看是可以理解的。但消費者如果過分推崇觀感效果，也會誤導種植和加工環節，譬如化肥、農藥，甚至一些激素類噴劑用的是越來越多，一些不必要的中間加工費用越來越大。最終的結果，是種植和加工成本加大，土壤條件變差，市場上的水果顏色豔得、形狀變得越來越讓人生疑，嘴裡的果子變得越來越嘗起來一個味道。

　　其實不少情況下，看起來外觀不太出眾的果子，吃起來味道一樣好，或者更好。有些人喜歡歪瓜裂棗不是有不正常的審美觀，而是在嘗到甜頭後才這麼選擇的。物美價廉是一種相對的、暫時的狀態，貨真價實才應該是生產和消費者努力的方向。色香味俱全當然理想，但完美的情況畢竟少。多數情況，要在重色還是重味上做選擇。結果可能是，識貨的重味，把幸福靜靜地消受；不識貨的重色，以為沾了大便宜。似乎在找自己的另一半結婚時，這個道理也有些指導意義。

Chapter 2

第二章
近距離接觸野生動物

第二章 近距離接觸野生動物

　　曾聽一些義大利人說過：全世界上的人能分成兩種，一種是義大利人，剩下的一種，是想成為義大利人的人。好像也有美國人說過「全世界的人除了美國人，剩下的都想成為美國人」之類的話。言辭中透出來的，是一種自豪或自戀感。義大利人的自豪可能來自於其悠久的歷史，美國人的自豪顯然是出於其國家強大的現實。澳洲在 1902 才成立聯邦政府，國家影響力也有限，人的方面和這兩個國家沒法比，但澳洲人可以自信拿野生動物來說事。類似的話可以說：世界上的動物有兩種，一種是澳洲原有的野生動物，另一種是想來澳洲變成野生動物的動物。

　　澳大利亞原有動物中，有 80% 的哺乳類和爬行類，90% 的兩棲類和魚類是世界上獨一無二的。在這裡節錄和編輯「澳大利亞官方旅遊網站」上，對澳大利亞野生動物的介紹如下：

　　澳洲擁有超過 378 種哺乳類動物、828 種鳥類、4000 種魚類、300 種蜥蜴、140 種蛇類、2 種鱷魚，以及約 50 種的海洋哺乳類動物。

　　在此超過 80% 的植物、哺乳類、爬蟲類和蛙類，為其它地方沒有的澳洲特有品種。最為人熟知的澳洲動物，包括袋鼠、樹熊、針鼴鼠、澳洲野狗、鴨嘴獸、沙袋鼠和袋熊。

澳洲並無大型掠食動物，又名「丁狗」的澳洲野狗，便是此處最大型的肉食哺乳類動物。其他澳洲特有的肉食性動物，包括袋食蟻獸、袋鼬和塔斯曼尼亞袋獾，但這些動物的體型都和一般家貓相似。

澳洲有超過140種有袋動物，其中包括袋鼠、沙袋鼠、樹熊和袋熊，袋鼠及沙袋鼠種類便達55種。袋鼠和沙袋鼠的體型和重量差異極大，從輕至半公斤到重達90公斤皆有；兩者主要差異在於體型，沙袋鼠的體型較小。樹熊其實並不是熊。在澳洲氣候溫和的東海岸沿線地區，都可以看到樹熊的蹤跡。矮胖袋熊的是穴居動物，最重可達36公斤。

澳洲的另一個特有物種便是單孔目動物，又稱產卵哺乳類動物。其中最為特別的是鴨嘴獸。這種動物傍河而居，有著如鴨的嘴、毛茸茸又防水的身體，爪上則有蹼。

澳洲的828種鳥類中，約有一半為澳洲特有物種，從小巧的蜜雀，到不會飛的大型鴯鶓（站立身高約兩公尺），應有盡有。澳洲各地的草地、硬葉森林和草原林地都能看見鴯鶓。在澳洲開闊的森林間，還有種類豐富的水鳥、海鳥和鳥類，包括食火雞、黑天鵝、神仙企鵝、笑翠鳥、琴鳥和澳洲喜鵲。

澳洲的毒蛇種類之多，位居所有大陸之冠，全球 25 種致命毒蛇中，澳洲就有 21 種。不過，並非所有蛇類都有毒，澳洲也有一些驚人的巨蟒和樹蛇。

澳洲著名的生物還有鱷魚，淡水和鹹水鱷兼有。

　　澳洲人對原有野生動物的態度，可以從其國徽的構圖上看出來。澳大利亞國徽中心圖案上有六組圖案的盾牌，六組圖案象徵組成澳大利亞聯邦的六個州。盾形兩旁是澳大利亞特有動物：紅袋鼠和鴯鶓，位置和尺寸都很顯眼。雖不能說牠們為國家的標誌、民族的象徵，但可以說這些野生動物是澳大利亞人生活的一部分。

　　有個笑話說：

　　美國農民來澳洲，他指著遠處的羊問當地農民：「那是什麼？」當地人老實地回答：「是我們養的羊。」美國人聽了搖頭歎息比劃道：「你們的羊太小了。我們美國的羊這麼大。」一扭臉，美國人看到了另一邊的牛，又問是什麼。澳洲人再次老實回答是牛。美國人再次感嘆，比劃說他們的牛多大多大，澳洲人沉默了。這時美國人突然看到了遠處一蹦一蹦的袋鼠，不禁大為驚奇，連忙指著問那是什麼。這次輪到澳洲人把背向後一靠，說：「那是我們澳洲的螞蚱。」

　　澳洲旅遊官方網站上介紹的，主要是原生的野生動物，對另一大類野生動物幾乎是隻字未提。或許在一些人的心中，這類野生動物應被稱為有害動物。牠們就是我說的那些「想變成野生動物，還真就變成野生動物」的動物，包括野駱駝、野水牛、野馬、野驢、野豬、野鹿、野山羊、野狗、狐狸、野貓、野兔、鯉魚。這些動物都是伴隨著人的遷移到這個大陸島的，有的還為這個國家的發展做出過貢獻，譬如駱駝。

　　1840 年左右駱駝第一次被引入澳大利亞，做為澳洲腹地探險的運輸工具。1840 至 1907 年間，澳大利亞從印度引進了大約一萬到兩萬頭駱駝。後來駱駝的作用逐漸消失，牠們也被棄置野外，聽憑其自生自滅了。

　　提到駱駝時，一般聯想到的是「沙漠之舟」的那種頑強生命力。據說駱駝還是一種自尊心很強的動物，有人做主人時，牠們跟著主人風裡來，沙裡去，當發現人將牠們捨棄在荒野上時，即使能找到原來主人的駐地，牠們也不再回去，而是自謀生路。這個自尊自強的性格，和狗千里尋家的忠誠不移，都值得敬佩。澳洲的適宜環境和牠們頑強的生命力，使其數量不減反增，以至於最終被當作有害動物來對待。駱駝的主要危害，被認為是加重對草場的破壞，毀壞牧場圍欄，可能向人類飼養的動物傳播疾病，污染原住民的水源等。言之鑿鑿，但有的結論聽起來，好像有些強詞奪理、強者為王的味道。所採取的控制手段基本就是射殺，或者像牛一樣把牠們趕到一起，賣給屠宰場。據估計，全澳野駱駝數量在一百萬頭左右，並以每年 8% 的數量增長。

　　野豬也是豬丁興旺。天時、地利、人少，使牠們從家豬華麗轉身成為野豬。優秀的適應和繁殖能力，加上天敵不多，食物不少的優越環境，使牠們的數量迅速增加。據 2007 年的估計，澳洲野豬數量為 2300 萬，而當時澳洲人口是 2100 萬。一分錢不花，每人平均一口豬還要多，多麼富足的澳洲小康生活啊！

其它有關動物的統計資料如下：

野馬　　40萬匹。在有些地區年增長量達20%。這比不少精心管理的飼養場做得都要好。第二次世界大戰時，澳大利亞的輕騎兵挺有名。將來若有第三次世界大戰，戰馬資源是不用愁了。

野鹿　　20萬隻。鹿血，鹿茸資源豐富。據說有些田徑健將們的一個營養秘訣，是喝不便宜的甲魚湯。爬得和烏龜一樣快的王八，都能讓人跑得那麼快，以後澳洲運動員要想出好成績，也該打打這些機靈迅捷的鹿的主意了。

野山羊　全澳洲的數量不詳。2011年有資料顯示，僅在新南威爾士西部就有約250萬隻小肥羊。宋代蘇軾有次被貶，生活挺苦，買不起肉，便把肉店裡剔的差不多沒肉的羊骨，或烤或煮，吃的時候用竹簽把羊骨縫裡的肉一點點挑出來，還向弟弟打趣道：羊骨和蟹蝦一樣好吃，只是別讓狗知道了，不然狗會不高興了。野山羊在澳洲被歸入有害動物，要是蘇軾們現在來澳洲吃牠們，那不高興的就是狗了。

野生鯉魚　多到成了害魚。釣上來原生魚可以放生，釣上鯉魚不允許放回去。肉腥多刺，吃的人少，河邊的垃圾箱裡常見一條條大鯉魚。在新南威爾士州，在河裡或湖裡養鯉魚，最高罰款是11000澳元。這可都是在無污染環境裡長成的地道野生魚。第

一次把在墨累河口附近釣到的鯉魚放在鍋裡一
燉，濃濃的湯白的像牛奶。

記得小時候副食供應緊張，聽老東北人聊起不知道多久
之前，在東北用棒子就能從河裡敲上魚來，野鷂子自己跳進
院子，羨慕地不得了。現在的澳洲在這方面大概就像那時的
東北吧！不管是原來的還是新到的，動物們過著繁榮昌盛的
生活。

前些年拜讀了《狼圖騰》後，去了內外蒙交界的地方，
企盼著即使看不到書中描寫的天鵝野鴨湖的美麗，成千上萬
黃羊掠過草原的壯觀，起碼風吹草低現牛羊的畫面還應該有
吧！可當我看到那陡峭的，山羊上得去，卻找不到落腳點下
來的光禿禿的山，面對著風吹疏草現黃沙的蒼茫大地，對作
者豐富的想像力越加佩服。假如他有機會來澳洲，找個原住
民部落做個洋插隊，不知會勾劃出多少引人嚮往的畫面。以
他對包括狼在內對人有害無害動物的態度和才華，很有可能
為澳洲客觀地看待所有的野生動物，造些聲勢出來，起碼能
讓人對澳洲產生「豬山鼠海」的印象。

不知道有沒有人做過調查，我感覺，算上這些被稱作有
害動物的野生動物，澳洲可能是世界上唯一的一個洲，在這
裡野生動物的種類和數量不是減少，而是在增加。並且不少
野生和家養動物的劃分界限不是那麼清晰，家養的牛羊在野
地裡自己啃草，不少屬於半野生。野生的駱駝，山羊趕進圍
欄，在耳朵上打上個牌，就等於有了戶口，成了家養的。澳
大利亞算得上是老天眷顧的地方，在這裡只要是還保留有一

點野性的基因，幾乎任何馴化的動物，都可以在短時間裡恢復牠本來的天性。在澳洲見到野生動物太容易了，看到你的農場裡常來常往，愛幹啥幹啥的野生動物，你真的會想：這到底是牠們闖進你的地盤，還是牠們寬容你在牠們的臥榻之側酣睡？

天天來串門的袋鼠

第一次去這個休閒農場，首先看到的野生動物是各種鳥。沒走出兩、三百米，草叢裡就蹭蹭地跳出了四、五隻袋鼠。當時懂行的仲介儘量避免談這些動物，因為他知道，牠們的存在對農場意味著麻煩。而我這個不懂行的，當時還在喜滋滋地想：不花錢買門票進那些野生動物園，就能天天看袋鼠。接手後「有得有失，沒有免費的午餐」等格言就開始應驗了。

初春接手的農場，當時果樹還沒發芽，鳥的影響不明顯。不少時候，聽著高高低低的鳥鳴，手裡幹著活，覺得別有情趣。

從第一天進果園，就看到了一隻高大的公袋鼠。能判斷牠是公的，是因為在牠腹部沒有育兒袋，體型也明顯高大。再就是看牠那站的姿勢，兩腿叉開，兩隻前肢放在胸前，很像號稱世界上最牛的相親節目「非誠勿擾」上，男嘉賓的標準站姿。此後隔三差五的會有幾隻母袋鼠和小袋鼠出現。開始時，誰也沒把誰當回事，我幹我的活，牠吃牠的草。即使在空地上，我走到離牠們十來米的地方，牠們也只不過是禮

貌似地向遠處蹦幾下，然後該幹什麼還幹什麼。而我也按照
「野生動物是人類朋友」的原則，對牠們以禮相待。估計慢
慢地，牠們把我也看成了一隻會走不會蹦的同類。有一次，
我在樹的右邊除草，一隻袋鼠背對著我，站在樹的左邊，都
懶得動一下。假如我再對牠們多些親切的表示，將牠們變成
自己的寵物也是有可能的。這在一些農場裡，是有不少把袋
鼠或野鳥餵熟了的先例。

一樹之隔的公袋
鼠。是在向我這個
主人鞠躬？

　　袋鼠英文名字，傳說是當地原住民語「不知道」或「你
指的是什麼」的意思。有一個廣為流傳的解釋，是當年英國
探險家和博物學家約瑟夫 ‧ 班克斯（Sir Joseph Banks）第
一次抵達澳大利亞，對這個新地方充滿好奇的他，看到蹦蹦

跳跳的袋鼠，就急忙指著問當地嚮導那是什麼。不知是對各種動物草木早已司空見慣的嚮導不知道他又在大驚小怪什麼，還是袋鼠在嚮導抬頭看時已經不見了，嚮導的回應是「ganguro」，想跟他說「不知道你指的是什麼」。認真的博物學家立即把這給記錄了下來，從此後澳洲大陸上到處遊蕩著「不知道」了。這個傳奇讓後來的語言學家有了顯身手的機會，經過對當地部落語言的分析，認為「ganguro」就是當地原住民對袋鼠的稱呼。

對一個新世界，從來不缺乏這種傳奇故事。儘管人們現在對其他國家或地方的瞭解大增，傳得不那麼貼近實際的描述依然比比皆是。文章和影視作品，把外部世界一些讓人感到新奇的事件和地方，歸納昇華成類似「高倍濃縮果汁式」的作品。平時一年碰不上幾次的事情，好像是天天在發生，稍感詫異的情景，變成了驚天動地。一篇文章中描寫得像天堂，另一篇滿篇都是水深火熱。按照寫文章的說法，就叫「語不驚人誓不休」。作者們想吸引眼球可以理解，讀者在享用這些「濃縮果汁」時，要注意適當稀釋，否則就要做好「聽景有景，看景沒景」的思想準備。有次一位忠實於作者原意的國內朋友見了我，充滿同情地說：他看了留學生在雪梨的電視劇，真不容易云云。真誠的目光下，讓本來就感到自己混得不咋地的我，不禁從西裝革履下，楞被榨出了不少不願示人的「小」來。在這裡建議作者們，在發揮想像力編故事時，應適當提醒讀者「此作品多有虛構」。對於想間接地瞭解一個外部世界的讀者來說，在大多數情況下，平平常常才

是真的原則，還是適用的。

袋鼠是草食類動物，有群居、白天不幹活的習性。值得一提的是，母袋鼠長著兩個子宮，所以牠能總是處於懷孕狀態，並且在不利或育兒袋滿員的狀態下，牠能抑制胚胎，使之停止生長。母袋鼠還能分別針對袋鼠兒童和幼兒，同時產生兩種奶汁。雌性性成熟期為 17 至 28 個月，雄性大約 25 個月性成熟。

袋鼠有不同的種類，人們比較常見的有紅袋鼠、大赤袋鼠、東部灰大袋鼠、西部大袋鼠和麝香袋鼠。

主要分佈在中部人煙稀少的紅土地上的紅袋鼠。牠們是所有袋鼠中體型最大的袋鼠，也是澳洲原有動物中最大的哺乳動物，同時還是世界上現存最大的有袋類動物。公袋鼠可以長到兩米高，90 公斤重，而母袋鼠要小得多，平均體重 26 公斤左右。牠們活動的地區乾旱少雨，平時其身體所需的水份只能從所吃植物裡獲取。正常情況下奔跑時速 20 至 25 公里，特殊情況下，短距離時速可達 70 公里。

在生存條件較好的東、南部開闊草原地區，大赤袋鼠體型最大。公袋鼠體長 130-150 厘米，尾長 120-130 厘米，體重達 70-90 千克。牠們一步可跳 5 米遠，跳起的高度能達 2 米，時速可達 40-65 公里。

另一種體型較大的袋鼠是東部灰大袋鼠。這種袋鼠不是最有名，但卻是最常見的，這和牠們主要生活在人口稠密的地區有關係。一隻成年雄性體重約在 50-60 公斤，雌性體重

大約 17-40 公斤。有正式記錄的袋鼠奔跑速度，就是一隻雌性東部灰大袋鼠創造的：每小時 64 公里。

另外兩種體型相對較小的袋鼠，是西部灰大袋鼠和麝香袋鼠。西部灰大袋鼠成年雄性的體重為 54 公斤。生活於澳洲西南海岸和達令河盆地。麝香袋鼠體長僅 15-20 厘米，尾巴長度 12.7-15 厘米，是世界上最小的袋鼠，與在草原上跳躍的普通袋鼠相比，牠們是典型的侏儒物種。

大袋鼠的形象出現在澳洲國徽中，以及一些澳洲貨幣圖案上。許多澳洲的組織團體，如澳洲航空，也將袋鼠作為其標誌。澳大利亞軍隊的車輛，艦船在海外執行任務時，很多時候都會塗上袋鼠標誌。對其中的原因又不同的解釋，歸納一下大致有：一是其是重要的最古老的史前動物，這在地球上已經很少；二是大袋鼠是澳大利亞最高大的動物，其他動物無法和牠匹敵；三是袋鼠溫文爾雅，平和善良的品質，受到澳大利亞人的推崇。還有一個原因，就是牠永遠只會往前跳，永遠不會後退，被認為具有永不退縮的精神，這又算得上是一個傳奇說法。記得澳大利亞政府曾經澄清，用袋鼠做的標誌只是一種標誌，代表標誌之下的人或物來自澳大利亞。做為一個標誌，這個目的顯然是無可爭議地達到了。

我在農場裡遇到的袋鼠，應該就是東部灰大袋鼠。如果是那種兩米高的紅袋鼠的話，誰才是這塊地裡真正的老大，恐怕就難說了。

根據法律，未經許可獵殺袋鼠是違法的。但前幾年，澳

洲開始對有計劃的為撲殺袋鼠頒發許可證。有人統計，2000年至 2013 年，全澳洲撲殺袋鼠的總量約在 3500 萬隻，但袋鼠數量仍沒感到減少。撲殺的原因，一是袋鼠的大量繁殖已經達到令人討厭的程度，牠們破壞莊稼和草場，造成作物減產和草場載畜量降低等許多麻煩。另外一個官方說法，是為了保證牠們的生存。生態環境無法支撐牠們如此快速大量的繁衍，所以捕殺牠們實際上是保證牠們不至滅絕。還有一個理由，就是可以帶來一定的收益。持這種觀點的人認為，充分利用本土動物的經濟價值，比飼養外來動物在生態和經濟上更划算。說來奇怪，袋鼠在這個大陸上生活了成千上萬年，沒聽誰說生態環境支撐不了牠們的繁衍。難道大批人類移居進來才二百多年，這個生態系統就要崩潰了？弱者是很少能有話語權的，這又是一例。

對於撲殺後的袋鼠，澳洲人在努力做到物盡其用。袋鼠一直是原住民重要的蛋白質食物來源。有資料顯示，袋鼠肉是高蛋白、低脂肪（約 2%）。與其他食物相比，袋鼠肉具有非常高濃度的共軛亞油酸（CLA）。CLA 被認為具有抗致癌和抗糖尿病，減少肥胖和動脈粥樣硬化的作用。1980年南澳州第一個允許袋鼠肉供人食用，1993 年其它州也通過了類似法律。2000 年左右超市裡鮮見有袋鼠肉製品出售，近些年來才變得比較常見起來，但袋鼠肉在澳大利亞本土的消耗數量很低。把這種狀況歸結於澳大利亞人對袋鼠的感情有些牽強，主要原因還是袋鼠肉與傳統食用肉在口感和味道上的差異。袋鼠肉土腥味比較重，咬起來也比較費勁。

再說澳洲傳統食用肉的品質也比較高，兩者在蛋白、膽固醇和脂肪等方面差異也不是那麼吸引眼球。一項調查顯示，在 2008 年僅有 14.5% 的澳大利亞人每年食用四次以上的袋鼠肉，而生產的 70% 的袋鼠肉出口到包括德國、法國和英國在內的歐洲市場。據報導，在 2009 年以前，澳大利亞往往將袋鼠肉製成香腸大量出口到俄羅斯，兩國間的袋鼠肉進出口貿易做得是紅紅火火。但由於細菌污染等原因，俄羅斯在 2009 年 8 月全面停止進口袋鼠肉。對細菌污染的原因說法不一，但比較可能出現污染的環節，是從野外獵殺到運至加工廠的過程中。到目前袋鼠肉已出口到 55 個國家。另外，用袋鼠皮毛做的皮帶、錢包，也是很多遊客青睞的旅遊紀念品。袋鼠肉加上其他衍生商品每年會為澳大利亞創造近兩億美元的收入。

如果想嘗袋鼠肉的話，澳大利亞袋鼠行業協會所建議的烹調時間是：

COOKING

☑ 翻炒：（5mm 厚）最長 1 分鐘。

☑ 烤肉串：（1.5 厘米立方體）每面烤 2 分鐘。

☑ 袋鼠肉排：（2.5 厘米厚），每面煎 2-3 分鐘。

☑ 烤肉：先用煎鍋將肉煎一下，然後放入預熱至 220 攝氏度的烤箱內，每 500 克烤制 8-12 分鐘。

有人試過在農場商業性飼養袋鼠，但很少有成功的例子。所以，直到現在也沒聽說誰把袋鼠馴化了。美國生物地理學家賈雷德 · 戴蒙德（Jared Mason Diamond）曾提出動物馴化的「安娜 · 卡列尼娜原則」，即「馴化的動物是可以馴化的，不可馴化的動物各有各的不可馴化之處」，聽起來和「可憐之人必有可恨之處」一樣繞口。馴化不僅僅要求將野生動物馴服飼養，而且這類動物必須具備一定的可塑性，經過一定時間的定向選育，使其成為能長期穩定飼養的家養動物。因此，能被馴化的目標動物必須要滿足六個條件，即「能為人類提供足夠的食物或其他價值，生長速度快，繁殖週期短，性情溫順，不易受驚，和能在馴養條件下交配繁殖」。柴靜的博客上有篇文章對這些條件做了挺好的註解，借鑒她的大意加上我的理解就是：

第一，是對吃的要求不高，不能和人類在食物上有太多競爭，更不能挑食，不然的話，伺候不起。

第二，是要長得快，生得多，趕得上人的消化速度。

第三，是對隱私權沒有任何要求，對私生活有充分地開明或開放意識。也就是性開放得要遠遠超過任何人類和其它大多數動物，在多種環境和場合下都能大大方方交配。

第四，是要服從命令聽指揮，比最奴才的人還要更加奴才。即使是身大力不虧或者身懷絕技，也要見人矮八分。

第五，是不能太神經質，更不能太聰明。標準是刀架到脖子上了也不拼命，給點好吃的，就忘了同伴剛剛被宰，

更不要說看透人類對牠們好的用心何在。

第六，喜歡群居，善於自我管理，能基本上自己照顧自己。

　　如果對照上面的條件，袋鼠應該是一種早已被馴化的動物，尤其是雌袋鼠能連續不斷懷孕的特點，沒有其它動物比得上，但實際上袋鼠沒被馴化。賈雷德·戴蒙德的研究，顯然是針對自然資源相對匱乏的地區。假如他注意到澳洲袋鼠的情況，相信還會有第七個條件，那就是「動物在農場這種相對安逸的環境中，比在野外生得更多，長得更快」。澳洲的野生袋鼠越殺越多，誰還會再去費勁馴化飼養。要是再加上第八個條件的話，那就是「人有專門對付特定動物的辦法」，譬如讓袋鼠上癮的食物，讓牠們胖得像北京鴨飛不起來一樣地跳不起來，跑不動；專用圍欄，像圈馬一樣讓牠們出不來；甚至採用人類對付小公牛羊的慣用手法，來點陰的，從小在袋鼠腿上做點手腳等等。

　　當初和一個鄰居閒談時，鄰居無奈地說，現在袋鼠太多了，十幾年前不像現在這樣經常見牠們。說著還眼中微露殺機地來了一句：「政府應該再撲殺一批。」當時我還有些不以為然，心想幾隻袋鼠能吃你多少草？但隨著時間的推移慢慢看出來，袋鼠帶來的麻煩，遠遠不是和放養的牲畜爭草吃那麼簡單。

　　袋鼠比牛跳得高，比羊力氣大。現有的專門用來對付牛羊的圍欄，對牠們作用不大。圍欄低的，一躍而過；高的，找個方便的地方鑽過去。圍欄上下的千瘡百孔，基本都是

牠們的傑作。到了果園裡，樹上的嫩芽、樹皮，願吃就吃，願啃就啃，不少樹都被牠們啃過。看來我對牠們的看法，在隨著立場的變化而改變。本來想變得超脫，結果得到的是糾結。

於是我也開始轟趕這些不請自來的客人了。一上來是扯嗓子喊嚇唬牠們，結果毫無作用，牠們頂多抬頭看看。這招不行，就扔石頭。有一段時間，隨身總帶著一袋石塊，見果園裡有袋鼠就扔過去。可氣的是，石頭咣噹落在身邊，牠們不光不跑，還低頭看看是什麼在響，愣是不能把遠處狂呼亂跳的人，和身邊乒乓作響的石頭聯繫起來。沒別的好辦法，只好堅持扔下去。以後見到袋鼠，就手抓石塊衝上去，這時候袋鼠跑起來速度有多快，就從數字變成了真實的感受。一旦牠們終於受驚奔跑起來，若想追牠們，用望塵莫及來形容是再貼切不過。不存在這種速度的比較時，用力扔出去的石頭，頗有些劈風而去的感覺。可你再看那些扔向一隻拔腿就跑的袋鼠的石頭，它們在天上斯斯文文地飛去，遠遠地落在了袋鼠的後面。不過，堅持下去，必有好處。隨著石頭扔得越來越多，牠們和我保持的距離也越來越遠。直到最後，一見我遠遠過來，牠們大大小小的就開始逃避了。這個過程，牠們給我留下了一個「傻呼呼」的印象，但這個印象不久就有了改變。

那是一個下午，我正在樹上樹下地忙著。一抬頭，看到二十多米處開闊地的草叢裡好像有什麼東西。換了幾個角度，確定是一隻袋鼠。按習慣，拿起石頭就扔了幾塊。在平

時，牠應該受驚逃離了。奇怪的是，石頭落在前後左右，個別的好像直接打中了，牠連站都沒站起來一次。能看到的反應，就是牠的頭隨著落在身邊的石頭動一下。真是見過傻的，但沒見過這麼傻的。我決定這次不以趕走牠為目的，而是要砸牠幾次，讓牠長點記性。於是，我躲在樹後，不停地扔石頭，直到把帶的石頭和周圍地上能找到的石頭都扔了出去。再看牠，除了把身子的方向調了一下，還是趴在原地。這時，我感到情況有異：是受傷了，還是在生小袋鼠？

受好奇心驅使，在猶豫了片刻之後，抄起一把鑭頭，從樹林走出，試探著向前，想看個究竟。

隨著我越走越近，牠一直在原地注視著我。在我離牠大約有十幾步的時候，牠突然翻過身子，頭衝著我，背著地，四腿朝天伸開。這個怪異的身體姿態，立即使我聯想起，狗和狼在向比自己強勢的同類表示恭敬和服從時的肢體語言。同時我也看見了牠的左腿上帶有一大片血跡。袋鼠不傻。

對一隻向你乞求的受傷動物，你該怎麼辦？

我用手機和住得不遠的一個朋友聯繫，問她有沒有辦法幫牠。這個朋友是野生動物救助協會的成員，2015 年 1 月份阿德萊德山區森林火災後，她參加過救助被山火燒傷的野生和家養動物。這個協會是一個自願加入的民間組織，協會成員自願領養或救護需要幫助的動物。朋友對袋鼠沒有辦法，我又和動物福利慈善組織 RSPCA，和山區的一個野生動物園聯繫，可惜袋鼠不在他們的救助和收養範圍。按照他

們的指引，我和幾個私人動物保護人士聯繫，同樣，他們無能為力。其中一位女士還提醒我，不要靠近袋鼠，因為牠們很強壯，即使你是想幫助牠，牠也很容易傷害到你。而另一位女士則告訴我，對於受傷的野生動物，最好用槍將其擊斃，這樣可以減少牠的痛苦。

我幫不了牠，但也沒討厭牠們到非要打死牠們。我從工棚裡拿來一個桶，灌了半桶水，放在離牠不遠處。牠身邊有草，附近放著水，這就是我能給牠做的了。第二天再去看時，牠已經不在那裡了。周圍也沒有發現牠的蹤跡。野生動物受傷的情況不少見。這隻袋鼠可能是被圍欄的鐵蒺藜掛傷，或是在別處受的槍傷。澳大利亞人需要有槍證才能持槍，但不少生活在農場的人有槍，用槍打袋鼠、打狐狸，打蛇的事情也不足為怪。有時看到一瘸一拐的鳥獸，雖然在和其它同類爭食時處於不利地位，但老天爺餓不死瞎家雀，在食物不成問題的澳洲，總有機會填飽肚子。願這隻袋鼠能活下來，但最好不要讓我在這裡再見到牠。

袋鼠式的生存法則

我的經歷告訴我：袋鼠可能和人類認為聰明的動物一樣聰明。按照腦和體重的比例，袋鼠的腦量只有狗和貓腦量的三分之一，這從牠們的小腦袋也能看出來。現在不少人覺得小頭小臉是一種美，上鏡。可論起聰明來，通常就按腦容量來衡量了，但這種聰明的標準是人給訂的。換句話說，符合人的標準就是聰明，譬如識數，否則就是不聰明。而人訂

的標準，往往帶有直接或間接的功利性。所以人說的聰明與否，只能是在特定條件下才成立。按照儘量客觀的觀點看，袋鼠很聰明，而且是大聰明。

人類的文明史，對於大型動物們來講是一個「順人則昌，逆人則亡」的過程。只要你對人的生活有不利影響，不管你是天上飛的、地上跑的、水裡游的、土裡藏的，人們總在想辦法對付你。結果是少量動物受了招安，被馴化，又經過人的選汰，留下對人最有用的極少量種類，然後大量餵養。其它沒被馴化的動物，幾乎都面臨著數量、種群不斷減少，或已經、或瀕臨消亡，但袋鼠卻是個例外。

袋鼠是典型的從未被馴化的、自由的野生動物，每年被撲殺幾百萬隻，但仍感覺不到少。不論是幸運還是靠本能，沒有大聰明、大智慧是找不到或遇不上這樣的幸運時空的。我把這種聰明、以功利性的思維方式，標籤為「袋鼠的生存法則」。

【法則一】

對人有用。人類在地球上處於食物鏈的最頂端，也是動物世界生存法則的制訂者。動物，特別是大型動物的命運，基本是完全掌握在人類的手裡。動物們要想活下去，對人有用是必須的，至少必須是無害的。否則被消滅與否，只是個時間問題。熊貓活著對人的威脅小但用處大，現在戴著「國寶」的桂冠，人類不光不想消滅牠們，還千方百計地繁殖。即使把牠們關起來，也不是為了馴化，反而要模仿野外環

境，儘量野化牠們。當年自由遊蕩著的老虎、獅子對人的安全有威脅，對人養的牲畜有危害，即使牠們有凌牙利爪，也挽救不了數量和分佈面積大幅減少的命運。幸好現在多數人認為，留下幾隻活的老虎、獅子能帶來更大利益，牠們才得以在人類不太願去的邊邊角角苟延殘喘。一般來講，現存動物命運，可以歸類為以下四種：

上等命運：活著的動物對人有用。像現在非常稀少的熊貓，以及過去使役用牛、馬等。對這類動物，人類巴不得牠們健康長壽。

中等命運：死了的動物對人有用。像現在人們飼養的肉食、皮草類動物。雖然這些動物最終的命運是死亡，但畢竟過了一段食來張口的日子。

下等命運：死了的動物對人有害。像獅子、老虎之類的動物的數量，已經下降到接近滅絕的程度，人們現在需要世界上有牠們來點綴一下。而且，保持一定的數量，可以幫助人維持一下生態。只要牠們不過分惹麻煩，這類動物有一個不會太大的生存空間。

倒楣命運：帶這種命運的典型代表就是過街老鼠了。這類動物活著對人有害，在有人的地方可謂人人喊打。除非你能道高一尺，魔高一丈，否則就只有死路一條了。

看看袋鼠，澳大利亞國徽上有牠的形象，世界上的人看見袋鼠，就聯想到澳大利亞。單靠這點，袋鼠被滅種的可能

性就和澳洲徹底毀滅的概率差不多了。動物園養牠們吸引遊客，被打死後，皮、肉出售又是一筆收入。奇葩一點的一項研究說，連袋鼠的屁都是環保的。據說袋鼠胃中有一種特殊的細菌，能使其放的屁中不含有甲烷。科學家想分離出這種細菌，然後設法將其移至牛、羊的胃中，讓牛、羊放袋鼠屁，從而為減少世界上溫室氣體排放做應有貢獻。從命運上看，連放個屁都是香的袋鼠，應該屬於中上等。

【法則二】

能生能長，而且不用人管。袋鼠吃草就猛長，從最乾旱的澳洲內陸，到沿海高地，適應性超強。不像同屬澳洲本土動物的無尾熊，挑食，只吃桉樹葉，而且是其中少數幾種桉樹的葉子。雌袋鼠有兩個子宮，生理上總是處於懷孕狀態，並能根據幼子的生長進程和自身生存條件控制胚胎的發育，簡直就是一條自動化的產仔生產線。所有這些成長又是自然進化的結果，和人的選育沒關係，也不需要人提供額外的高營養食物和醫療保健。

【法則三】

高馴化門檻，和人若即若離。一般成年袋鼠跳高水準和人類的奧運冠軍一樣高，「奔跳」速度快，本身力氣又大。遇到障礙物，能跳就跳過去，能鑽就擠擠鑽過去。澳洲養牛的圍欄 1.2 米高基本就行了，養羊的圍欄在高度和強度上要求更低；建兩米高的高強度圍欄，不是很多人願意幹的。但另一方面，袋鼠對人來說又不是遙不可及。牠們就像人的鄰居，每天在人的眼皮底下跳來跳去。需要袋鼠時，帶上槍就

能獵到，成本不比家養動物高。但是袋鼠又不像家養動物那樣容易抓，打倒一隻容易，連鍋端做不到，這樣種群的基礎不容易被破壞。

【法則四】

和其它動物互補，而不是直接競爭。袋鼠吃草，人養的牛羊也需要草。一旦袋鼠搶了牛羊的草，不光人不願意，牛羊也會排擠牠們。但袋鼠好像天生就是與其牠動物和睦相處的，據說袋鼠以吃矮小潤綠、離地面近的小草為主，將長草與乾草留給其它動物。人圈起來的牧場裡草少了，袋鼠不用你來趕，早就輕鬆地跳到更好的地方去了，剩下牛羊只有羨慕的份，沒有嫉妒的理。

所以袋鼠可以有龐大的種群數量，同時享受著自由。放眼世界，能具備這四個法則的動物不多。拿人來說，若有人能在掌控自己命運的人手下，保留很大程度的自我，那就算高人裡的高人了。這裡說高人裡的高人，是拿明朝的劉基劉伯溫與道衍和尚姚廣孝做的對比。

綜合《百度知道》上查到的一個資料（zhanghua198456 2008-04-06 09:41）、《北京青年報》楊建國的文章，以及其它資料，對姚廣孝和劉伯溫做以下介紹：

姚廣孝（1335-1418）生活在元末明初，蘇州人。他是一個和尚，而且是一個不安分的和尚，人稱政治家。他十七歲出家為僧，法名道衍，字斯道，自號逃虛子。與當時名士宋濂、高啟等為友，曾師從道士席應真習道家《易經》、方

術及兵家之學。後來向遇庵大師學習內外典籍，以自己的聰明學識和眾人的渲染，成為當時較有名望的高僧。雖然身為和尚，但欲成開國建業之功。這既像三國演義裡描寫的未出茅廬的諸葛亮，又具備了人稱「治世之能臣，亂世之奸雄」的曹操的潛質。明初，因其故友多被明太祖朱元璋所殺，對洪武朝政治懷有強烈不滿。

洪武十五年（1382），朱元璋選高僧為已故馬皇后誦經薦福，有人推薦了四十七歲的姚廣孝，也就是道衍和尚。在此期間，他發現了朱明王朝裡的一個「有縫的蛋」—當時的燕王朱棣。據說這個光頭和尚對朱棣說，要送給他這個燕王一頂「白帽子」，「王」字頭上加個「白」字。是「皇」的隱語。同樣野心勃勃的朱棣，把姚廣孝引為心腹，帶回了他的封地北平，明裡讓他做慶壽寺的主持，暗中參與奪位密謀，成為朱棣的重要謀士。

到了洪武三十一年，大概六十三歲的姚廣孝，在感嘆了無數次生不逢時之後，朱棣這只讓他叮了多年的蛋，終於開始生蛆了。朱元璋在皇太子朱標死後，並沒有打算把皇位傳給兒子，而是立朱標的兒子，也就是他的孫子朱允文為皇太子。這讓自命不凡，且有統兵上陣經歷的朱棣非常不滿。朱允文即位後，為了限制各地封王的權力，開始削藩，更成為朱棣造反的導火索。在這個過程中，姚廣孝厚積薄發，推波助瀾，煽風點火，出謀劃策，起到了舉足輕重的作用。據傳朱棣看到窗外的寒冬景致，隨口吟了一句：「天寒地凍，水無一點不成冰。」在一旁的姚廣孝馬上附和了下句：「世亂

民貧，王不出頭誰做主！」對是好對，事卻不然，世亂民貧是在他們造反之後的寫照，在這之前老百姓的日子好像還過得去。在姚廣孝六十五歲時，朱棣終於造反了，姚廣孝想成為開國功臣的夢想，也初步要實現了。

在後來的造反過程中，姚廣孝在守老巢，決進退，定取捨等關鍵時刻，發揮了他的見識和作用，在朱棣奪權成功後，論功，把姚廣孝排在第一。此後，也許姚廣孝感到宿願已償，或許是老了後心態變了。也許是環境變了，他不得不識相，他的工作轉向了和平事業。

即位不久，明成祖朱棣決定遷都北京。如此一來，修建紫禁城皇宮，成為迫在眉睫的任務。而姚廣孝參與了定都北京的重大決策，和故宮的地理定位、規劃設計及興建，估計這裡面有不少他這個大雜家有根據和沒根據的想法和講究。

功成名就之後，新皇帝朱棣把元朝宰相托托的宅院賞賜給了他。另類的是，他堅持繼續當他的和尚，還申請把賜給自己的宅院，改造成了京城最大的寺院之一：崇國寺，自己只當了個監管僧人事物的六品官和崇國寺住持。這個崇國寺，也就是現在的「護國寺」。這樣，姚廣孝白天上朝，晚上歸寺，人稱「黑衣宰相」，這可算一景。

值得一提的功業，是姚廣孝做為總編纂官，完成了《永樂大典》。中國歷史上有兩部最重要的大型彙編書，一部是清朝的《四庫全書》，被稱為中國古代最大的叢書；一部就是《永樂大典》，被稱為中國最大的百科全書。前者的總

編纂官是紀昀，也就是電視形象中那個拖著大辮子，抽著大煙袋，在皇帝面前花了一多半的聰明和時間爭寵的紀曉嵐，後者的總編纂官，就是姚廣孝。有人稱紀曉嵐是清代第一才子，電視劇的移花接木，刻意渲染更讓他名傳遐邇。只可惜了姚廣孝，費勁領著編了這麼好的書，沒讓他淪落到為虛榮而自費出版就不錯了，更不要說得個才子的名號。憑著一身久經考驗的真才實學，在民間的聲望卻趕不上近乎巧言令色的書生。這些高才站在高高的歷史舞臺上，眾人對他們的所作所為要清楚得很，他們都是這樣的結果，更何況對平民百姓中有尺寸可取之材的人了。所以遇到感到委屈的事，爭辯多數不見效。若有需要辯白的事，反而可能越抹越黑。也難怪投機者多，渾水摸魚者眾。從來都是取巧之人不絕，取巧之事難禁。多數時候，只能是採取「欲說還休，卻道天涼好個秋」的方式了。

姚廣孝於八十五歲壽終正寢，死後葬在今天的房山區長樂寺村。永樂皇帝朱棣對他也算是善始善終，親筆為他題了一座「神道碑」以示紀念和表彰。觀其一生，想幹啥大事就真幹成了啥，生下來光溜溜，死去時乾淨淨。若不是這個造反的名譽，拋開正邪不說，比穿著道士服入世、半人半仙的姜子牙還要風流灑脫，正是算得上奇才奇人。

劉伯溫名聲很大，經歷跌宕起伏，但比起姚廣孝則顯得循規蹈矩了很多。劉伯溫（1311-1375），名劉基，字伯溫。據說劉伯溫曾是個神童，對儒家經典、諸子百家之書，都非常熟悉。尤其對天文、地理、兵法、術數之類更是潛心研

究，頗有心得。他的記憶力非常好，讀書一目十行，過目成誦。而且文筆精彩，所寫文章非同凡俗，這顯示出了他的創造力。求知欲強、記憶力好，外加創造力強，出人頭地的要素基本具備。幸好年輕的劉伯溫還挺吃苦努力，於是年紀輕輕就在當地脫穎而出，成為江浙一帶的才子名士，開始受到世人的矚目，並在二十八歲時考取元朝的進士，從此進入仕途。而在同等歲數時，姚廣孝還在和尚堆裡想他的「有朝一日」。

最初，劉伯溫希望通過進主流、走正途做官來為元朝政府效力。他在中進士後不久，被任命為江西高安縣丞，後又任元帥府都事，但是他的建議往往得不到朝廷的採納。這裡一方面可能是他的才能得不到承認，另一方面也可能是缺乏實際經驗。總之劉伯溫非常失望，先後三次辭職，回故鄉青田隱居。

在劉伯溫四十七到五十歲時，隱居青田期間，他將自己的思想，和對社會、人生的見解進行了一番總結，創作了著名的《郁離子》一書，在中國思想上和文學史上都佔有重要地位。而當此之時，各地反元起義風起雲湧，元王朝的統治已搖搖欲墜，同時各支反元義軍之間又互相紛爭，可謂天下大亂，魚龍混雜。西元 1360 年，義軍之一的統帥朱元璋兩次向隱居青田的劉伯溫發出邀請，劉伯溫決定把寶押在朱元璋身上。同簡單地送白帽子給主子不同，劉伯溫發揮書生本色，模仿當年諸葛亮「隆中對」，在初次見面時向大概只有學前班文化水準的前小和尚朱元璋，呈上了洋洋灑灑的〈時

務十八策〉。大概被人家的文化水準給鎮住了，朱元璋從此將劉伯溫視為自己的重要謀士。自己沒有的本事，常常被看作是最好的本事。劉伯溫發揮自己的長項，成功地包裝和推銷了自己，在一股新興力量裡贏得了一只不錯的飯碗。

劉伯溫出山之後，積極出謀劃策。八年後朱元璋在南京登基稱帝，正式建立大明皇朝。作為開國功臣之一，劉伯溫被任命為禦史中丞兼太史令。為了表彰劉伯溫的貢獻，明太祖朱元璋還下詔，免加劉伯溫家鄉青田縣的租稅，這是各處州城府縣惟一不加稅的一個縣；不久又追封劉伯溫的祖父、父親為永喜郡公。在給主子打工十年後，即洪武三年（1370），劉伯溫被任命為弘文館學士，受「開國翊運守正文臣資善大夫上護軍」稱號，賜封誠意伯，食祿二百四十一石。雖然這種待遇比朱元璋的一些老搭檔要低得多，但也算是劉伯溫本人的事業和青田劉氏家族的發展，都達到了頂點。

作為一個智者，劉伯溫在民間有神仙之稱，他深知自己平時曲高和寡，書生意氣，得罪了許多同僚和權貴，同時也深知「伴君如伴虎」的道理。因此，他在功成名就之後，選擇激流勇退，於洪武四年有了十一年工齡後，主動辭去一切職務，告老還鄉，回青田隱居起來。

劉伯溫在青田過了兩年的隱居生活，本來希望遠離世間是非爭奪。但是，他在職時已經樹下政敵，在野又有不小的名聲，再加上一個常起疑心愛殺功臣的朱元璋，歸隱不消停在所難免。洪武六年（1373），劉伯溫的政敵胡惟庸當了

左丞相，指使別人誣告劉伯溫，說他想霸佔一塊有王氣的土地做自己的墳墓，圖謀不軌。早就對劉伯溫放心不下的明太祖，這時大概聯想起爹媽死後找不到下葬之地的困苦童年和當時對地主們的怨恨，聽到誣告後果然剝奪了劉伯溫的封祿。劉伯溫非常惶恐，於是親自上南京向明太祖謝罪，並留在南京不敢回來。後來，胡惟庸升任右丞相。劉伯溫似乎是江郎才盡，剩下的只有更加憂慮，終於一病不起，與洪武八年（1375）憂憤而死，終年六十五歲。五年後，胡惟庸垮臺。又十年後，劉伯溫被平反。明太祖還賜給劉氏家族金書鐵券，特批劉氏成員可憑此免一次死罪。在他死後 139 年，即明武宗正德九年（1514），獲追贈太師，諡號文成。文成縣是 1948 年設置的新縣，縣名就是為了紀念劉基。

對於這兩個人的評論有不少。有人說劉伯溫官癮大，先是在元朝廷當官，後隨朱元璋。兩次開局都算順利，但結局不理想。究其原因，應該是在政治角鬥場上做了個本色演員，過多地想自己該怎麼表演好，而沒有想與自己演對手戲的盟友或對頭會怎麼演，這可能是那些自詡靠本事吃飯的人的通病。而姚廣孝膽大，有自己的理想，做的是真和尚，超脫能讓他看得清事情的本質。

也有人更敬重劉伯溫，但聰明的名聲在外，加上碰上那麼個疑心的主子，讓主子放心的唯一一種人，就是死人了。對於姚廣孝，他鼓動造反的動機是什麼，讓人有些猜不透。造反成功後，富貴榮華他不要，也許是因為不甘心做一個默默無聞的和尚吧！

偏聽則暗，兼聽則明。眾說紛紜不要緊，把要點理出來，擺到桌面上，歸歸類，分分主次，加上自己的理解，慢慢地就會形成自己的觀點了。有了這些不同的介紹和評論，對這兩個人也就瞭解得比較清晰了。兩人都是當時高人，但劉伯溫憂憤而死，姚廣孝榮耀歸天。除了上面評論與介紹提到的各種因素，我覺得劉伯溫對他的皇帝主人來說是個「家養動物」，姚廣孝則可以比喻成一隻「野生的袋鼠」。

他們兩個都是有用之人。不同的是家養動物從來都是任人宰割的，主人手拿屠刀時，心裡感到的是天經地義。即使家養動物的存在對主人沒有半點壞處，在草料不夠時，主人也會權衡留誰不留誰的問題。不走運的話，你就成了犧牲品，更不用說你這個家養動物還要提防其它同類的爭食和排擠。要是主人懷疑你活著會給他帶來麻煩，那你就更是死定了，這就是劉伯溫式結局的一個根源。

姚廣孝這個「袋鼠式」的人物就不一樣了。從他周圍人的角度講，需要他的時候，能貢獻好主意，皇帝用來利誘別人的高官厚祿對他不管用。不用他時，自己寫書、讀經、長本事，不給別人添煩添亂。皇帝不擔心你一個頭光服異的和尚反客為主，同僚不擔心這個無子無孫的皇帝紅人來爭權奪利，對誰都沒有直接的競爭關係。對上對下都屬於「活著有益無害」的類型，這就具備了前面所說的「上等命運」。

我同意「姚廣孝是個真和尚」的觀點，但我覺得什麼四大皆空的和尚才是真和尚，或者心灰意冷的人才會出家，是認識上的誤區。釋迦牟尼是感到人世變幻無常，為了深思解

脫人生苦難之道而出家修行。得道成佛後，在印度恆河流域中部地區，向大眾宣傳自己證悟的真理，擁有越來越多的信徒，從而組織教團，形成佛教。地藏菩薩的偈語：「我不入地獄，誰入地獄？眾生度盡，方證菩提。地獄不空，誓不成佛。」給我的感覺是入世、追求和擔當。不問世事，心灰意冷的人可以在寺裡混混，他們只能算是「出家的人」。想在佛經道卷裡找出道理，在暮鼓晨鐘裡發現自我的叫和尚；終有所悟，助己助人的是仙；出世為入世，志在天下的，是佛、是神、是聖。所以姚廣孝既不是想當官，也不是像劉伯溫那樣處心積慮地避禍。他借朱棣的手改變了天下，編《永樂大典》流傳後世，這是一個想成佛的和尚。他有一個比袋鼠更超凡的馴化門檻，這讓他與皇帝和同僚都能保持住距離，這不但達到「距離產生美」的效果，同時超脫了很多紛爭。自己心靜，別人心安。很多劉伯溫那種家養動物式的憂懼，從一開始就不存在了。

歸結到當今給老闆打工的生活，當然要對得起工資，即對老闆有用。從袋鼠和姚廣孝身上學到的是：有自己的追求和心靈自由，才能讓雇傭生活少些煩惱。唯老闆的馬首是瞻，個別混得好的，老闆高興時稱你一聲兄弟。多數混得一般的，變成奴才，能得到老闆的尊重就難了。

無尾熊難得一見的作為

澳州一種與袋鼠齊名的動物，大概就是無尾熊了，都知道牠們的基本食物就是桉樹葉（尤加利樹）。桉樹原產地絕

大多數生長在澳洲大陸，有 522 種和 150 個變種。這個農場裡，離住房和果園較遠的地方有很多的桉樹，有的很粗很老，幾棵經過雷劈火燒，死後依然矗立的老樹。在山風拂面中，靜靜地注視著它們，慢慢地浮現在腦海裡的，是「滄桑」兩個字。在農場深處的山坡上，有一片生長旺盛的參天大樹，其中有幾棵筆直挺拔的大樹，粉白的樹幹，不由得令人發出棟樑之材、玉樹臨風之類的讚嘆。還有一種紅木桉樹，木質堅硬，可以輕易釘進松木的釘子，在這種木頭上釘不進一半就彎了。網上曾經看到，有人用這種紅桉木冒充傳統的紅木。這種紅木還是冬天燒壁爐的好燃料，少煙、耐燒、不容易熄火。

被雷電攔腰劈斷，尤自生機盎然。老桉樹，你一定見過不少過去的人吧。

　　無尾熊是澳洲特有的一種有袋類動物，牠的名字是澳洲原住民的方言，意指「不喝水」。據說無尾熊每天要睡二十小時，另外四小時中，兩小時吃樹葉，兩小時發呆。多數無尾熊都是摔死的，因為他們老了之後會抓不住樹而掉下來。桉樹是無尾熊的家，但在農場見到牠們的機會不多，大概是平時很少到桉樹林裡去的緣故吧！

　　在一天早上，出門就看到一隻無尾熊在車道旁的一棵柳樹上睡覺。這是一種比較少見的情況，因為牠們給人的印象是吃住都在桉樹上，而且是牠們喜歡的那幾種桉樹。想來牠要把廚房和臥室分開，所以到這棵柳樹上來睡了。也許是因為開車、開拖拉機聲音太大，第二天再看時，牠已搬家了。

　　原來看到的無尾熊，都是悄無聲息地，或是睡覺連個鼾聲也沒有，或是吃樹葉沒多大動靜。慢慢地形成了一種印象，覺得無尾熊是啞巴。後來在晚春初夏的十二月份，當時正在果園裡調滴灌頭，聽到對面山坡桉樹林裡傳來一陣陣類似豬餓急了、或是公驢發情了的時候，大聲哼唧的聲音，在一百多米外聽起來聲音都很大。開始以為是袋鼠發情高叫，懷著好奇心走過去看時，才發現在一個大桉樹杈上趴著一隻無尾熊。如不是親眼看到，真有些難以相信，這種體型不大的動物，竟然會發出這麼大的、響徹山谷的聲音。也許這是因為牠們數量相對稀少，活動範圍又不算大，若再沒個大嗓門，「個人問題」不好解決吧！衣食男女，不光是人之大欲，一切生物都是概莫能外，只是形式有些不同罷了。不知是不是同一隻無尾熊，小狗山姆曾在房後把一隻無尾熊追到了老

車棚的木樁上，當時小狗在下面狂吠亂跳，無尾熊三條腿抱緊木樁，用剩下的前肢不停朝下劃拉，動物園裡是不要指望看到這種場面的。

總是讓人一驚一咋的爬行動物

一種叫 Shingleback（Tiliqua rugosa）的藍舌蜥，和我在果園裡遭遇了幾次。這種蜥蜴是藍舌蜥種最出奇（或者叫難看）的一種：四肢尾巴短小，身體寬大，滿身覆蓋厚大的黑褐色鱗片，行動遲緩。有一天聽到比格犬山姆在房後狂吼亂叫，以為有了什麼大事。趕緊衝過去一看，原來是一隻 Shingleback 正在自顧自地、慢悠悠地爬過草坪，然後鑽進一堆樹下枯葉裡。在除草的時候，有次對著一叢又高又密的草刨了一鐵頭，隨手一拉，和草一起拉出來一隻 Shingleback。牠被刨得頭上流血，以牠們恐嚇敵人的標準動作，衝我站的方向大張開嘴。這是一種對人造不成多大傷害的動物。據說，牠們一旦咬住你的手指頭，就不會撒口。但不用擔心的是，牠們的力氣一般不會把人的指頭咬斷，除非你有個脆弱的指頭。看到這隻滿頭是血的小動物，我管牠聽懂聽不懂，趕緊習慣性地說聲對不起，用草又把牠蓋了起來。

咬住不撒口的蜥蜴只讓你難受一下，我在農場裡遇到的咬了就撒口的毒蛇，可是會致命的。在不到九個月的時間裡，我和小狗山姆就打死了兩條成年紅腹伊澳蛇，三條手指粗的澳洲褐蛇幼蛇；另有一條成年紅腹伊澳蛇，在我的眼皮

底下逃脫；可見的損失，是一頭牛犢被不明毒蛇咬死。

正像有次鄰居故作謙虛地說的，南澳州這裡蛇的種類不多，但有的，基本都是最毒的蛇。看看下面對牠們的介紹，大概就會像武林中人聽到魔教四大天王一樣，讓人感到汗毛直立：

澳洲褐蛇，又稱東部擬眼鏡蛇，學名 pseudonaja textilis。世界前五大陸生劇毒毒蛇之一，只棲息於澳大利亞東部地區，但不包括塔斯馬尼亞島，平均長度為 2 米；這種蛇四千分之一盎司的毒液就足以置人於死地。褐蛇是卵生，母蛇一次產卵 10-30 枚。剛出生的小蛇大約 20 厘米長，5 毫米寬，頭頸部帶有條塊狀的黑斑。即使是一條出生不久的小蛇，也有可能產生足以毒死二十個人的毒液，現在每年因褐蛇咬傷而死亡的人數比其它蛇類都多。牠們被激怒時，攻擊速度非常快，而且會多次撕咬。被褐蛇咬後幾分鐘就可能致人死亡。

虎蛇，是爬蟲類有鱗目眼鏡蛇科下的一個種屬。分佈地由西澳南部，伸展至南澳、塔斯馬尼亞、維多利亞州以至新南威爾士一帶。除了海岸和近海濕地外，虎蛇亦常出沒於內陸水道及墨瑞河等地方。虎蛇分泌強烈的神經毒素、凝固劑、溶血素及蛇類特有的肌肉毒素，其毒性能躋身世界最強烈的蛇毒之列。被虎蛇所咬後，除了傷口劇痛之外，從傷口附近延伸的毒素，更會令足部及頸部出現痛楚，身體感到麻痹、出汗，隨即開始呼吸困難及局部肢體癱瘓。即使能得到有效的抗蛇毒素，但如果不立即治療的話，致命率仍高達

45%。

紅腹伊澳蛇因其「背黑腹紅」而得名，眼鏡蛇科下的一個種屬，分佈於澳大利亞東海岸和東南部，含有劇毒。成蛇體長為 1.5 米左右，有超過 2 米的個體。小蛇在母蛇體內孵化。棲息環境為雨林或濕潤的森林，常見於小河和堤壩附近，以蛙類、爬行動物和小型哺乳動物等為食。雖然毒性相對小些，但被咬傷後也可能致命。

另外還有比以上「三天王」更有威名的太攀蛇，幸好聽說還未「光臨」阿德萊德山區。

第一次打死蛇還是在國內，我十二、三歲時。那時候聽人說，蛇會數人的頭髮，一旦把你的頭髮數過來，你就要死了。有次我正走在一條山間小路上，一條不長不短的蛇從我的眼前爬過。當時心裡害怕，但還是追上去，左手不停的亂抹頭髮，意思是讓蛇不好數數，右手不停的撿石塊砸下去，最後把蛇打死了。

在買農場之前的人生經歷中，遇到蛇最多的地方是在湖南與貴州交界，離桃花源不太遠的一個地方。多年前在去那裡的路上，看到當地的婦女肩寬體壯，掄鎬挑擔地在田間路旁勞作。同行的當地人半真半假地說，這裡的風俗是「女人幹活，男人閑耍」，包括一些重體力活，都是女人們承擔。聽後心裡還有幾分羨慕，隱隱地希望有哪個大妹子能把我給娶了。可是在那裡的幾天，大妹子沒見到幾個，蛇倒是天天出現。

　　第一天，在山坡上遇到一個當地農民，把一條扁扁的布口袋搭在肩上。打招呼時順便問他在幹什麼。他輕鬆地說：「抓蛇賣！」說著把口袋悠下來，在手裡抖抖，果然看到裡面一動一動的。問他賣的價錢，回答說一斤三十塊錢。

　　第二天，跟在別人後面，走在田間小路上，聽到前面的人喊了一聲：「有蛇！」急忙收腳站定之時，一條蛇從我的鞋上躥了過去，但是緊張得連蛇的顏色都沒看清。回到不遠的駐地，驚魂未定地跟別人說遇到蛇時，立刻有當地人問具體位置，一副立刻要去揀錢包的架勢。

　　當天晚上，和衣而睡，早上起來發現 T 恤衫的下擺，有一小塊好像被什麼東西咬了。過了一會，有人來說，在我睡覺的屋裡打死了一條五步蛇。把線索聯起來，整個故事可能就是：我睡的屋裡有老鼠，老鼠咬了我的 T 恤衫，蛇進屋抓老鼠吃。不知道的是，蛇是在床下抓，還是在老鼠咬我衣服的時候抓。多少年過去了，現在想起來還是感到不自在。

　　因為以往的這些經歷，農場裡有沒有蛇，是我在下決心買農場之前，特別提出來的問題之一。前任主人不光給了個肯定的回答，還詳細告訴我，在那遇到過哪種蛇，並提醒我要注意草密的地方，這讓我的顧慮很大。直到一個在阿德萊德山區住了幾十年的朋友安慰我說，他從來沒聽說這個地區有人因蛇咬而死，這才感到放鬆了些。咬一口還可忍受，不搭上性命就行。

　　搬進去後，開始和周圍的鄰居逐漸認識，說起來還真是

家家都有遇蛇的故事。

西面的鄰居是位八十多歲的老太太，一個人住在那裡，腿腳有些不太利索。從她家到我這裡，要手裡拄著兩根拐杖慢慢地走過來。社區裡有專車，每週兩、三次接像她這樣在家養老的人，到附近的鎮上參加社交活動；護士會定期做走訪，如果自己做飯有困難，有一個叫「輪椅餐食」的志願者組織，按需要送來做好的飯，她的兒女孫輩們還會不時過來看看。等到實在動不了了，就會搬到養老院去了。

談到蛇，老太太說：有一天，天氣不錯，她坐在門外的椅子上看鳥。看著看著，一條棕蛇從房角轉了過來，到她椅子邊上停了下來，仰起頭，好像也開始看鳥。老太太手邊什麼家什也沒有，既沒法打蛇，也沒法向遠處扔個東西把牠驚走或引走。想站起來跑開，腿腳又不吃勁。最後實在挺不下去，冒險站起來，盡力向一邊躲去，同時用手把椅子向蛇的方向推去。萬幸，在她移向一邊時，蛇受驚向另一邊逃走了。她解釋不清這條蛇為什麼停在椅子邊抬頭看鳥，以我的理解，牠應該不是在看鳥。一般來講，蛇的視力較差，對震動感應靈敏，嗅覺在牠追蹤獵物時發揮著主要作用。老太太坐著不動時，蛇可能是感覺不到人在那裡，牠翹頭好像看鳥的動作，是在進一步判斷人呼吸的氣味位置。棕蛇有主動攻擊和追逐獵物的傾向。老太太躲過一劫，真算得上是幸運。

東面的鄰居正在壯年，妻子在城裡上班，他照料農場，遇到蛇的事對他並不稀奇。第一次見面，說在他的穀倉裡看到的一條「褐王蛇」，一邊還用兩手扣成個 15 厘米直徑左

右的圓說：「蛇頭這麼大。」問打死沒有，只見他一縮脖子說：「我可不敢！」沒幾天第二次見面，又說他的狗在一塊舊地毯下發現了一條小蛇。

我問他遇到大蛇該怎麼？他介紹說：「打電話給專業的捕蛇人。他們抓到蛇後，帶到一些自然保護地放了牠們。」按照他知道的，在阿德萊德山區常見的澳洲褐蛇會追人，毒性大；紅腹蛇毒性和膽子小些，但更容易受驚咬人。有可能是紅腹蛇的體形往往比較大，這兩種蛇遭遇時，常常是毒小的紅腹蛇吞噬毒大的澳洲褐蛇。

在一本園藝生活書裡，作者寫了她遇到蛇的經歷。有一次她在草坡上走，一條褐蛇突然鑽進了她的一條褲腿裡。等她反應過來，蛇的身子只剩一半露在外面。靠著本能，她趕忙向外踢腿，蛇飛進草叢跑了。等緩過勁來，她想，為什麼蛇沒咬她？可能是平常她對各種動物好，所以不傷害她吧！其實，她覺得真正的原因，可能是褲腿裡太窄，一般蛇在進攻時，頭都要向後仰一下，然後猛地咬上去。但這次空間太小，蛇想咬但不得力。就像近身搏擊時，長拳比不上詠春拳，碰巧蛇練的都是長拳式咬人法。

既然周圍人人都和蛇打過交道，相信我也不會例外。該做的準備都做好，隨身帶著季德勝蛇藥，不管天多熱，下地就穿長筒雨靴。天冷時候還好，天一熱，每天靴子裡面的褲管都是濕的，好在長了也就習慣了；另外手邊總是有長杆工具。像好多事一樣，你時刻警惕的時候，平安無事，等你剛剛放鬆點，擔心的事悄悄地來到了你身邊。

在農場第一次見到蛇的那天，春光明媚，當時接手這個農場已經兩個多月。記得是春天裡第一次預報氣溫達到26˚C。上午十一點左右，我正低頭，拉著一小車草木灰上坡，準備撒到果樹下。忽然聽到身前草地上傳來刷啦啦的聲音，同時感到腳上的雨靴似乎被碰了一下。下意識抬頭一看，不禁感到身上的汗毛立了起來。一條一米多長的黑蛇，正從一兩米處向左邊滑去。一驚之後，看到蛇滑向遠處，才回過神來，開始想怎麼辦。第一個閃過的念頭是「按書上講的做」，那就是什麼也不做，讓蛇走了就是了。但剛伸手拉車要走時，心裡一轉念感到不行，這條大蛇不知是路過還是要常駐，我整天在果園裡轉悠，一不留神被牠咬一口，那可是要有性命之憂的。即使不挨咬，每次進果園都惦記著毒蛇，這種生活就變成難受，而不是享受了。

消除這個實實在在危險的決心一下，立刻開始想，怎麼才能打死牠。按過去的經驗，找石頭，果園裡本來就收拾的乾淨，情急之下更是一塊石頭也沒找著。回頭看見小車上放著的短柄鐵鍬，一把抄起來向蛇追去。這條蛇顯然對人不害怕，牠低頭滑出去七、八米的距離，與我隔了一行樹後就慢了下來，抬起頭看了看，然後不緊不慢地爬起來。若是在我猶豫時，牠毫不耽擱地快速逃去，還真可能逃之夭夭了。

大概是感覺到了我的腳步震動，在我迫近時，牠又開始加速。一邊追，我一邊盤算怎麼打蛇。手握鐵鍬去鏟？這樣做離蛇太近，鐵鍬總共一米來長，一鏟不中，可能就要麻煩。情急之下，在距離三、四米的地方，把鍬當標槍一樣擲了出

去。第一次沒投中，鍬落在蛇的旁邊叮噹聲響，並帶起一團土。蛇受驚，逃得更快。看蛇跑得遠點，我跟上去，撿起鍬，再追、再投，這次投中蛇的身體後部。就見牠扭回頭，對著鍬頭快速地咬了一口，然後繼續逃跑。

第三次投出後，蛇顯然要拼命了。這把新鍬，鍬把下端還留著一小塊包裝的白色泡沫塑料，只見蛇盤起身子，昂起頭，對著泡沫塑料狠狠地咬了下去。整個過程不長，但讓我感到了時間的靜止，或者像電影裡的慢鏡頭。在我站的角度，能清楚地看到，那張到最大程度的嘴、飛舞的蛇信、咬下去的弧度，和牠腹部一塊塊的紅色鱗片，也彷彿感到了那種拼死一搏的氣氛。這就是一條紅腹蛇。當時看到的情景，和在畫上表現的兇猛毒蛇的影像，真是太像了。有那麼一瞬間，我在想，蛇會不會向幾米外的我撲過來。幸好，蛇在這次瘋狂後，繼續亡命而竄。我追在後面，一次次撿起鐵鍬，再投出去。少數幾次明顯擊中。蛇開始還咬一口再逃，漸漸地只是儘量逃跑了。最後停在一棵櫻桃樹下，盤起身子，張嘴衝我，不逃了。這時，我不敢再撒手我唯一的武器了。思量片刻，用鐵鍬鏟起土塊，向牠砸去。土塊的硬度應該不會對蛇造成嚴重傷害，但彌漫的沙土細粒可能使牠難以忍受。撐了幾土塊後，牠又要跑，但速度和靈活性已大不如前。這時我大著膽子，直接鏟了下去。

看著蛇確實死了，這才放下心來，立起的汗毛也順了下去。同時，對在錯誤的時間，錯誤的地點，遇到我這個要了牠的命的人，我對這條蛇，泛起了多多少少對不住的感覺。

牠沒傷害到我，可主要是因為我對未來不確定安全因素的恐懼，讓牠命喪鍬下。

記得小時候，想吃雞肉，基本上要自己家裡動手殺雞。在雞驚恐地叫聲中，往往聽到滿心慈悲的姥姥念念有詞道：「小雞小雞你別怪，你是主家一刀菜。」當時在蛇最後停留的那棵櫻桃樹下挖了個坑，把牠埋了進去。這麼多棵櫻桃樹，牠最後停在這裡，也算是牠和這棵樹有緣吧！然後也學著姥姥的樣子，念叨兩句，算是為這條無辜的蛇超渡一下：「小蛇小蛇你別怪，有毒的東西不能帶。」毒蛇有毒，本來是為更好的防護和攻擊，這次反而成了喪命的一個原因。是不是應了曹操的那句名言「恃武者滅」。

這個「第一次」以後，對再次遇到蛇也有了心理上的準備。但沒想到的是，這種遭遇竟然那麼多，在以後的七、八個月裡，直接或間接地出現了六次。

一兩個星期之後，在離住房不遠的草地上發現了第二條紅腹蛇，所幸的是當時小狗山姆已經把牠咬死了。具體的過程我沒看到，但的確擔心山姆被咬到。看到小狗繼續歡蹦亂跳，這才確認沒事。

蛇的攻擊速度那麼快，狗是怎麼制服牠的？帶著這個疑問，我查看了網上的一些短片。在上面看到，狗基本上是避開蛇的頭部，看準機會，撕咬蛇的後半部。一旦咬住，就左右猛甩幾次。然後趕緊鬆口，接著再咬。而蛇大多處於守勢，儘量逃走。儘管蛇的進攻速度看起來很快，但相對於狗的速

度顯不出特別的優勢。等到蛇的動作慢下來後，狗才會去咬蛇頭附近的部位。雖然只是看短片，其中的場景，也會不由得使人緊張地攥緊拳頭。

第三次與蛇遭遇的事件，是在夏天的一天。在後山上發現了一頭小牛犢被蛇咬死了，至於是什麼樣的蛇，則無從知曉。

第四次是在一條乾枯的小河溝裡。在我剛要下到溝底時，一條又粗又長的黑蛇在高高的草叢裡，上下翻動了幾次，沒等我有所反應，就不見了。當時手裡拿著鑭頭和鐵鍬，但看著溝底的深草，不禁心生怯意，待到豎起的汗毛平順後，繞道離開。

剩下的三次，都是在翻地時翻出了棕蛇的幼蛇。當時氣溫在三、四攝氏度，被翻出的小蛇動作遲緩，在鬆土上蠕動，像一條果園裡土中常見的大蚯蚓，危險性不大。第一次翻出來時，根本沒有立即反應出那是一條劇毒蛇，心裡也沒感到可怕，甚至有一種用腳推牠一下，好看得更清楚的衝動。回屋在電腦上一查，才知道這種看起來淺黃色，頭頂帶黑斑的小蛇，具備一擊致命的本事。一條蛇一次能產 10 到 40 枚蛋，很有可能這三條小蛇的兄弟姐妹們，以及爹媽一大家子，仍然潛伏在農場的某些地方。假如大多數幼蛇都能存活的話，這麼多年來，這個農場差不多該改名叫「蛇場」了。實際上，見到蛇的機會並不多，看來蛇們生存下來也不容易，要不就是牠們「太狡猾」了。

　　根據澳洲國家公園和野生動物保護法，除非人的安全受到威脅，蛇和其它野生動物一樣受到保護，這和「見蛇不打三分罪」的理念是有所不同的。在果園裡與蛇相遇，感覺多是驚險刺激，與到動物園，隔著玻璃看蛇的心情完全不同，也是看那些人為蒙太奇的驚險懸疑片所不能比擬的。經歷了幾次後，似乎對蛇的恐懼感有所下降。這或許是因為見得多了，身體和思想有了鍛煉和準備，神經變堅強了。也可能是「小馬過河」似地，對蛇親身瞭解的多了些，領會了牠們的厲害，同時也知道了牠們的弱點的緣故吧！在生活中，遇到難對付的人或難辦的事，躲避或裝著看不見，往往不是最好的辦法。面對問題，研究問題，常常是能度過一些難關的。

Chapter 3

第三章
買農場牽出的「水滸傳」和「西
遊記」－綠林大盜藏身地的傳說

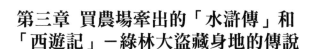

── 第三章 買農場牽出的「水滸傳」和 「西遊記」－綠林大盜藏身地的傳說

　　最初來澳洲的時候，急於瞭解這裡的人文環境和社會習俗，也想知道當地人對我這種亞洲新移民，是怎樣的感受和看法。在中國，四大經典文學名著影響深遠，於是曾經希望能讀到澳洲類似的書。問了朋友，打聽了圖書館管理員。反應要不就是一臉茫然，要不就是推薦些歷史和人物傳記之類的書。始終沒有找到像四大名著那樣賢愚皆宜、精華彙集、舉國公認，成為一個國家文化重要組成部分的讀物。沒想到的是，買了這個農場，卻讓我窺見了澳大利亞版「水滸傳」和「西遊記」原始素材故事。

　　在澳大利亞不長的歷史上，曾經有過大大小小兩千多個有記錄的叢林強盜。其中算得上最有名的，就是奈德・凱利。他的經歷和澳洲人對他的看法，與梁山好漢在中國有很多相似之處。

　　宋朝三百多年，農民起義大大小小有數百次之多，宋江起義只是其中規模與影響都較小的一次。但因南宋時編印出版了《宣和遺事》，把宋江起義史事演義化、故事化；明初又出現《水滸傳》，將宋江起義故事描述得更加生動感人，因而使這次本來規模與影響都較小的農民起義，產生了極大的影響，廣泛流傳於民間，以至家喻戶曉、人人皆知。

　　宋江等人造反的背景，是老百姓的生活困頓，導火索是

北宋政府向梁山泊百姓入湖捕魚、采藕、割蒲課稅。自宋徽宗宣和元年，即 1119 年，宋江、史斌及楊志等三十六人，先後攻陷十餘州縣城池。到了 1121 年，乘船到達海州（今江蘇省連雲港西南海州區）後，遭到知州張叔夜率兵伏擊，船隻被焚，退路斷絕，戰敗被俘。

史斌投降朝廷後，再在陝西稱帝起義，最終在鳴犢鎮被宋將吳玠俘殺。而楊志後來則隨種師中征金，但中途逃走，以致當時的名將種師中及先鋒王進（想來是水滸傳裡提到的第一個八十萬禁軍教頭的原型）等戰死。

澳大利亞的叢林強盜，在殖民之初就出現了。最初的強盜，主要是越獄的罪犯。1788 年 1 月，第一批罪犯從英國的肯特到達新南威爾士州的傑克森港。從 1788 年到 1868 年的 80 年間，共有 13 萬男犯和 2.4 萬名女犯來到澳大利亞。大多數罪犯被關在狹小的監室裡，每天用鏈子鎖著送到工地，從事修橋、修路和政府建築的修建勞作。少數受到信任的罪犯，能有機會為一些自由民做傭人或幹農活。普遍來講，犯人的生活很艱苦，活很累，食物很差，不允許相互交談或唱歌。犯錯後的懲罰很嚴酷，輕者是上百皮鞭，重者處死。一般的監禁期是七年，其中大多數犯人服滿刑期，但有些犯人不能忍受這種折磨，不計後果地逃跑。儘管英語用詞上相同，但翻譯成的意思，對這些逃跑的人應該稱作「叢林逃亡者」才更貼切一些。

第一個「叢林逃亡者」，是 1790 年開始不斷越獄和被抓回的，一個叫黑凱撒的印度人。開始當地人把他當成某種

英雄，並對他提供了幫助。到 1796 年他開始搶劫後，情況就變了，稱呼也應該變成是「叢林強盜」了。當時的總督懸賞五加侖朗姆酒擒拿他，不論死活。1796 年 2 月 15 日，黑凱撒被擊斃。到 1829 年新南威爾士州有大約一百五十個叢林強盜。1814 年左右，在現在的塔斯馬尼亞島上最大的叢林強盜團夥人數，達到了大約一百人，差不多成了近代梁山泊了。

伴隨 1851 年左右出現的淘金熱，出現了叢林強盜發展史的第二階段。當時世界各地的淘金客湧入維多利亞和新南威爾士州，犯罪數量也隨著增長。如果說早期的不少叢林強盜，最初還是在死裡逃生，這時出現的叢林強盜，更多的是圖財害命了。

叢林強盜發展史的第三階段，是在淘金熱逐漸退燒之後。這時越來越多的人移居到內陸居住，為應付當時的社會壓力，1861 年通過了土地法。

在這裡簡單回顧一下澳洲土地權益的變遷：

在歐洲人到來之前，澳大利亞的原住民以不同的部落為單位，有自己經常活動的區域。對於進入這些區域的敵對部落成員也有驅趕和殺戮的現象，但顯然沒有發展到明確土地所有權的程度。因此當時整個澳大利亞，被看作是無主土地。

1788 年英國開始殖民澳大利亞之後，當時的殖民政府宣佈所有土地為官地。總督有權將無人使用的官地的使用權

授予自由民、刑滿的罪犯，和一些士官們用於開墾和放牧。條件是在最初的五年到期後，按五十英畝為單位，每年繳費一先令（20 先令等於 1 英鎊）。做為一群拓荒者，他們在開始時是很艱苦的。到 1820 至 1830 年那段時間，隨著澳洲人口增加，和澳洲羊毛在歐洲打開市場，這種牧場的範圍也急劇擴大。到此時為止，對這些從事牧業的「大牧場主」的稱謂，仍沒有負面的含義，他們對佔用的土地，也只有租賃使用權。

到 1840 年以後，這些大牧場主成為了最富有的人群，並形成了一個明顯的階級。他們影響和左右著各級政權和議會，他們的後代也往往成了坐擁大片土地的「富二代」。1847 年之後，開始允許他們購買其所租賃的部分土地。這種土地所有權，是法律意義上的第一次土地權利私有化，涉及的範圍廣，覆蓋的面積大。

1961 年的新土地法，意在讓一些生計無著的人，有機會購買小塊土地從事農業生產。由於這些小塊土地，也可以是在大牧場主們租賃的土地範圍內，這遭到了那些有影響力的大牧場主的抵制和反對。在處理新、老土地權益上，也存在法律和行政管理上的漏洞。因此，當那些新獲得土地的農民，和大牧場主在這方面有矛盾時，只有各自捍衛自己的利益，衝突在所難免。這種矛盾一直持續到 1887 年左右，奈德·凱利正是生活和成長在這一段澳洲的政治、經濟和社會動盪的歲月裡。

從看到的介紹來說，當時的社會結構，似乎是少數有錢

有勢的大牧場主，和其周圍大量生活艱辛的新農民；並存的，是當時員警良莠不齊、處事不公等導火索因素。這時出現的叢林強盜，生於斯長於斯，有廣泛的社會聯繫，熟悉當地情況，所作所為不同程度上得到當地人的認可和支持，其社會影響力是前兩階段的叢林強盜無法比擬的。

澳洲的歷史不算長，難以通過一代又一代人的想像，把一個故事演繹得像四大名著那樣豐富多彩。從這個角度來說，將來根據澳洲叢林強盜的故事，完全能有條件演繹出一部「澳洲水滸傳」。

我的「澳洲水滸傳」素材－奈德·凱利

在賣房的廣告上，仲介介紹說，該農場的房子，最初是由奈德·凱利的家族所建。並有傳說，奈德·凱利在作叢林強盜時，曾經在這個農場附近的山上躲避員警的追捕。情況如果屬實，這個時間大約是在 1879 至 1880 年之間。後來和鄰居提到這件事，鄰居們也知道有這麼個傳說，並提到曾經發現一塊房基的砌塊，上面刻有凱利家族等字樣。

這個傳說，把農場和奈德·凱利聯繫起來，讓人浮想聯翩。原主人的妹妹告訴我，在她小時候經常和小朋友們在農場裡試圖尋找金子和寶藏。現在當我站在山頂，向幾條樹木和灌木密佈的山谷看去時，有時也不禁聯想到，大概有些地方從未留下過人的足跡，假如奈德·凱利藏在這些山谷裡，的確很難被發現。再說，這個地方離城中心三十六公里，離最近的小鎮四、五公里，方便和隱蔽兩個因素同時具備。

如果傳說屬實的話，這裡可能算不上晁蓋的「東溪村」或宋江的「宋家莊」舊址，但與宋江逃難時待過的清風寨和白虎山孔家莊卻有得一比。

單憑一個傳說，也沒有勾起對奈德‧凱利太大的興趣，偏偏買地的三個多月後，全家在維多利亞州的尤羅亞鎮住了一段時間。尤羅亞鎮，就是凱利幫搶劫的第一個銀行營業所的所在地。到了那裡，看到牆上有懸賞捉拿凱利幫的畫，紀念品商店裡有奈德‧凱利戴過的頭盔模型，圖書館裡有不少關於他的書，到這時興趣才逐漸濃厚起來。原來聽到他的故事，看到照片和實物，感到的是一個與己無關的遙遠傳說，現在不經意中走進了一個現實。先買了帶著關於他傳說的這塊地，後到了這個小鎮，這種巧合讓人忍不住探尋下去。

尤羅亞鎮牆上重現當年的畫影圖形。

對奈德・凱利的介紹，在網上和書上能找到很多，我也曾到他生活和戰鬥或犯罪的地方走過。特別是奈德・凱利是農民出身，凱利事件的起因與土地有關。而我現在剛買了塊地，正努力變成一個農民。一百多年來，千百萬普通的澳洲農民難得能留下鮮活的印記，凱利事件的特殊性，提供了這樣一個瞭解澳洲一百多年前農民的視窗，也是對澳洲的一種深度瞭解。在一個新的社會和文化環境中，缺乏有關的歷史知識的那種感覺，就好像在這個地方沒有自己的房子差不多，總感到是在表面上飄著。

下面歸納的，是所聽到、看到和推測的：

奈德・凱利的英文原名是 Edward "Ned" Kelly，生卒時間 1855 年 6 月－ 1880 年 11 月 11 日。他算得上是澳大利亞最有名的叢林強盜了，是人稱「凱利幫」的頭領，曾經殺害過三名搜捕他們的員警，搶劫過銀行。在現在的維多利亞州東北部，及新南威爾士州西南部邊界地區遊蕩兩年多，被當時的報界稱為「頭號通緝犯」。在後期，凱利幫已經從單純的流竄、搶劫、襲警，向一個政治組織轉變。凱利提出要成立一個「東北維多利亞共和國」，其同情者和支持者也逐漸增多，也讓他成為了一個不同於其他大大小小強盜的人。最後於 1880 年 6 月 28 日，在位於墨爾本市以北兩百公里左右的格倫羅旺小鎮，與眾多員警正面交火，受傷被擒。1880 年 11 月 11 日，以謀殺罪在墨爾本監獄被絞死。他的標誌性遺物，是一套帶有彈痕的鐵質盔甲，招牌形象是在最後時刻，身穿鐵甲，向員警開槍的畫像。

在澳洲民間，眾多的傳說和文化作品中，奈德・凱利可說是一個深受爭議的人物，其形象曾出現在 2000 年雪梨奧運會開幕式上。有人把他稱為澳大利亞的「羅賓漢」，但也有不少人認為他就是一個殺人越貨的強盜。外來人在誇讚或貶斥他的時候，都要注意你說話的聽眾和場合。但如果想談談他，以說明你對澳洲歷史的瞭解和尊重的話，相信絕大多數澳洲人都會抱以微笑。

從照片和畫像上的面相看，除了一張沒有鬍子的照片上，又黑又直的眉毛有些顯眼外，他屬於澳洲常見的那種溫和敦厚的年輕人，而不像一個讓員警害怕的罪犯。奈德・凱利的一生，大多數都是在墨爾本以北 50 至 250 公里這個區域裡活動。這個區域為平原和丘陵，農牧業相對發達，人口相對密集，多個小鎮發端於金礦熱。由這裡向西，緊鄰的是本第格和巴拉蘭特這樣有名的金礦城；向東是澳洲最高的山嶺地帶，最高峰 2200 多米；向北則是以澳洲最大的河流－墨累河劃分的維多利亞州與新南威爾士州的分界線。

1855 年 6 月前後，奈德・凱利出生於墨爾本以北 55 公里的貝弗里奇小鎮。具體出生日期，在政府註冊裡查不到，所以其確切生日不明，有一種說法是他出生在 5 月，另一種說是 1854 年 12 月，其在監獄中所留的記錄則為 1856 年。窮人家的孩子和犯人的生日，估計當時沒人太重視，記不清或出錯都不奇怪。

奈德・凱利的雙親雷德・凱利及艾倫・奎因是愛爾蘭裔的天主教徒。1842 年，他爹在二十二歲時，因為偷豬

被判流放至現在的澳大利亞塔斯馬尼亞島。要是放在今天到
處野豬氾濫的情況下，那還算個事？1848 年被釋放後，他
爹遷至維多利亞，並且遇見了隨家人從愛爾蘭來的他媽－艾
倫 · 奎因。艾倫的父親詹姆斯 · 奎因是個農民，他爹在為
其工作時，發生了類似於「虎妞與駱駝祥子」般的愛情。奈
德 · 凱利很可能就是出生在其外祖父的家中，在家中的八
個孩子中排行第三，也是家裡的第一個男孩。在 1860 年左
右，利用淘金賺到的「第一桶金」，他爹買了一塊永久產權
四十英畝大的農場，並為其家人建了一座小屋，現今該屋仍
立在貝弗里奇小鎮的凱利街上。這看起來像是奈德 · 凱利
僅有的幸福時光，他有機會上了幾天學，他的弟弟兼後來的
戰友－丹，就出生在這個小屋裡。

奈德 · 凱利約九歲時，在以 80 英鎊賣掉原有的農場後，
全家搬到墨爾本以北八十多公里的阿維納小鎮附近，並租了
四十多英畝地。但他爹這個農民當得不成功。直到現在，若
想在澳洲單純通過當個小農民來發家致富，恐怕多數仍然還
是鏡中花、水中月。後來，他爹因偷牛被判定有罪，因為交
不起或不願交 25 英鎊的罰金而入獄六個月。入獄期間，高
強度的強迫勞動嚴重影響了他爹的健康，出獄不久就死了，
埋在了阿維納小鎮的墓地，當時奈德 · 凱利只有十一歲左
右。相信這一段悲催的經歷，對童年奈德 · 利有深刻的影
響。

在童年時代對他有重大影響的另一件事，是他曾經在溪
流中拯救了一個快要淹死的男孩理查 · 謝爾敦。現在，在

111

他救人的河邊設有標誌。為了表示感激和讚賞之情，擁有皇家郵政旅舍的謝爾敦家贈送給他一條綠色的絲綢腰帶。奈德‧凱利顯然對這條腰帶很珍惜，直到十五年後，在格倫羅旺被擒時，在其盔甲內仍佩戴著這條腰帶。這很可能說明，他對於自己當年的見義勇為行為，還是引以為榮的；目前這條沾有奈德‧凱利血跡的腰帶，仍保存在博物館裡。可以想見的是，奈德‧凱利對員警不公的敏感性，對改變貧困生活的渴望，和對英雄式行為的崇尚，在這時已經生根發芽。

幾年後，他媽艾倫‧凱利帶著孩子，來到離墨爾本約240 公里的一個叫「十一哩溪」的地方。一個女人拉扯著這麼多孩子，想來肯定不容易。他們在這裡，根據當時通過的新土地法，購買了一片 88 英畝的荒地。當時的花費可能是幾十英鎊，這對他們應該是一筆不小的花費，也許這是他爹用自己的生命省下來的錢。從他們遷徙地離中心城市越來越遠的情況看，應該是家裡的境況越來越差。

1861 年通過的新土地法，是迫於當時人口內遷，經濟在黃金熱後下滑的壓力而頒佈的。新土地法意在讓一些生計無著的人，有機會購買小塊土地，從事更高產值的農業生產。這些小塊土地可以是無人使用的官地，也可以是在大牧場主們租賃的或實際放牧的土地範圍內。從法律上講，一旦官地賣給小農民，租賃土地放牧的牧場主的租約即失效，這種動大牧場主們的「乳酪」的做法受到了抵抗。不同的權益，有交叉或重疊的現象持續了多年。大牧場主的牲畜可能就在

新農民的土地上或附近遊蕩，應該會毀壞一些農作物。假如想「偷」這些牲畜的話，多半在自家的地裡，像抓野生動物一樣抓就行。尤其是在看到外來的牲畜，糟蹋了自己家賴以生存的莊稼時，估計就和我現在看到滿樹遍地被鳥禍害了的果實一樣氣憤難平了。凱利家的這片荒地，就是在這種背景下購買的，像他們這樣的家庭有很多。

雖然有了這個農場，土地面積看起來不小，可是貧瘠的土地農牧產量不高。就像我現在的農場，從未開墾耕種的土地肥力不高，野草見雨就長，這種生地種起東西來相當費勁，因此他們一家人日子過得很拮据。窮人家的孩子早當家，那時奈德‧凱利開始當伐木工、馴馬、放牛、幫人修圍欄。有的書中說，奈德‧凱利表現出的性格，是吃苦耐勞，對家庭的保護意識很強，一直在試圖努力改善這個大家庭的生活條件，但效果並不理想。「人之初，性本善」，只可惜奈德‧凱利的辛勤，無法得到相應地回報。一個健康的社會環境，就是要讓勤奮努力的人，對社會的貢獻能在多方面得到承認和補償。

在這期間，奈德‧凱利家，與他家周圍的大牧場主的矛盾不斷出現。在他被通緝之前，他家十八次在牛馬盜竊案當被告，只有一半的時候被判有罪。有人據此懷疑：員警是不是有意找碴。

奈德‧凱利第一次與員警出現麻煩時，他只有十四歲。當時有個華人路過他家討水喝，據說他趁機偷錢並打人。他因此在警察局拘留所待了十天，由於缺乏證據最終獲釋。當

時他的身高有 1.73 米，看起來像十八到二十歲的樣子。抓
他的時候，一個成人都沒法制服他，聽起來有點像少年項羽
的架勢。當時華人出現在鄉村地區應該是不多見。從一本書
裡讀到過，在上世紀五、六十年代，一個鄉村裡的兒童還
在像個稀奇事似地，議論誰的媽媽是個華人，言語裡透出來
的，是一種談論異類的感覺。

此後，他跟著有犯罪前科的哈利 · 鮑爾在叢林裡打劫
過。奈德 · 凱利與哈利 · 鮑爾很合得來，他在這段時間裡
學到了不少對後來所作所為有用的東西。1870 年 5 月，奈
德 · 凱利因協助鮑爾而被捕，並被關了七週監獄，後因證
據不足再次被釋放。之後不久，奈德 · 凱利又惹了麻煩。
他和姨父捲入了一場與小商販的鬥毆，他們之後還寄給商販
妻子一封侮辱信以及一些牛睪丸。1870 年 10 月，奈德 ·
凱利因人身攻擊以及對女士無禮而入獄五個月。看他這段時
間的表現，應該是屬於一個問題少年。人窮志短，在沒有一
個好的生長空間，又缺乏正確的修剪，好苗子正在變成歪脖
子樹。

1871 年 4 月，出獄剛三週，十六歲的奈德 · 凱利又被
捕了。他的一個朋友偷了一匹馬，據稱凱利在不知內情的情
況下，騎了那匹馬進入格雷塔鎮。一名叫豪的員警見了後試
圖逮捕他，於是兩人扭打起來。豪試圖開槍，但都沒得逞，
反而被奈德 · 凱利打倒在地，並騎在豪的背上羞辱了一番。
但這次奈德 · 凱利應該是不想把事情鬧大，在他佔上風的
情況下，停了手，並被這個警官和幾個圍觀者趁機綁了起

來。當奈德‧凱利的媽媽聞訊趕到時，看到的是一個滿頭是血、渾身是土的奈德‧凱利躺在地上。在法庭上，奈德‧凱利向法官說明這匹馬的被盜與他無關，因為馬匹被盜時，他還在監獄裡。但法官決定給他個教訓，以擁有被盜馬匹的勉強理由判其入獄三年。隨後奈德‧凱利便先被送往墨爾本的監獄，四個月後轉到泊在威廉姆斯鎮的一艘監獄船上，船上的囚犯們的勞作，是修建海塘和岸上的堡壘。真正的盜馬賊在後來與員警交火後的第二天被捕，但只被判刑十八個月。這種處理方法，顯然是有失公允。正像民間的一句話：牛被偷走了，抓住了拔牛橛子的。

1874 年，十九歲的凱利出獄。也許是比較成熟了，出獄後，奈德‧凱利曾下決心不再惹麻煩，要做一個「誠實的人」，並在一份工作中當上了領班。但成見的力量是巨大的，儘管他在努力變成一個被社會接受的「好人」，一旦有牲畜被偷的事情發生，懷疑總是圍繞在他的身邊。1976 年又有人告他偷馬，但隨後被無罪釋放。

在 1877 年，奈德‧凱利在離墨爾本 180 公里的班納拉鎮被捕，理由是醉酒、在人行道上騎馬、以及拒捕。當警方正押送他去法院時，卻被他掙脫了。在與警方扭打之後，凱利跑進一家商店並關緊門，直到法官來到店鋪，奈德‧凱利才自首。

這次事件中有一個員警叫湯姆斯‧隆利根，這個員警為制服奈德‧凱利，不擇手段地抓住奈德‧凱利的生殖器。別人看不下去，對這個員警說：「你該為你的行為感到羞

恥。」據說，當時奈德 · 凱利對這個員警大喊道：「好呀，
隆利根，我從來沒對人開過槍。但要是以後對人開槍的話，
你會是這第一個人。」這個聽起來不令人尊敬的員警，後來
參與追捕奈德 · 凱利，是在斯垂基巴克溪被奈德 · 凱利等
人打死的三個員警之一。在這一事件中，另一個人對奈德 ·
凱利後來的命運轉折起了作用，就是一個姓「菲茲派翠克」
的員警，當時他被拳打得跌撞到了牆上。奈德 · 凱利認為，
這是他此後衛恨報復凱利一家的一個原因。這次被捕，以罰
金了事。

在洗心革面不順利的情況下，奈德 · 凱利逐漸開始破
罐子破摔。他和他的繼父從附近的大牧場裡偷來牲畜，然後
再賣出去。他後來對別人說，他一共偷過 280 匹馬。這樣他
能成為一個好公民，或者說一個籍籍無名的農夫的視窗機會
再次失去，等待他的，是一個名揚澳洲的窮途末路。

把奈德 · 凱利最後「逼上梁山」的，是那個叫菲茲派
翠克的員警，有人說這個員警是個總在醉酒狀態的人。由於
凱利家族的犯罪名聲，員警督察長曾要求員警不得單獨前往
凱利家。1878 年 4 月，菲茲派翠克在奉命前往格雷塔的途
中，臨時決定單獨前往凱利家，要逮捕其弟弟丹 · 凱利。
由於沒有帶正式逮捕令，所以丹 · 凱利拒絕跟他走。撕扯
之中，員警的手腕受傷，槍被奪走，最後悻悻離去。奈德 ·
凱利說這天他並沒在家，但菲茲派翠克和後來的員警調查說
奈德 · 凱利在場。菲茲派翠克回到警察局時，說奈德 · 凱
利向他開了三槍，而且其母艾倫還打他的頭。員警以謀殺員

警罪，逮捕了凱利家的人和一個鄰居。這次奈德‧凱利和
他弟弟丹‧凱利確實沒在家。

在菲茲派翠克槍傷證據無法確認，和該員警有明顯醉酒
嫌疑的情況下，法官和一個由七名前員警，一個與員警有生
意往來的商人，及對凱利家有成見人員組成的陪審團判定凱
利家人有罪，並懸賞 100 英鎊捉拿奈德‧凱利。奈德‧凱
利死後的 1881 年，菲茲派翠克因為不誠實丟了員警的工作，
另一個說法是菲茲派翠克是因為酗酒成性而被開除的，看來
此人的人品真的可能有問題。

儘管對具體事件的細節有不同的說法和解釋，奈德‧
凱利家因為員警的成見而多有麻煩，是顯而易見的。

菲茲派翠克事件發生後，奈德‧凱利和弟弟丹便躲進
叢林落草了，其後又有兩個朋友─喬‧拜恩和史蒂夫‧哈
特加入，從此「凱利幫」成型。在此期間，奈德‧凱利曾
給員警帶信，表示如果放出他的媽媽，他願意自首，但這個
要求被員警置之不理。對雙方都好的機會，就這樣給白白地
錯過了。直到這個時候，奈德‧凱利應該還是有心做個守
法公民。

1878 年 10 月 25 日，兩組員警到凱利兄弟藏匿的，位
於格雷塔和曼斯費爾德之間的袋熊山上搜捕。高級警官斯特
拉漢帶領一組，他說要像殺狗一樣殺死凱兄弟。警長麥
克‧甘迺迪帶領另一組，組員有：湯姆斯‧麥肯泰、抓過
奈德‧凱利生殖器的湯姆斯‧隆利根、以及麥克‧史坎

倫。後一組在山間一片茂密的樹林裡紮下了營地。從員警的
所作所為來看，他們真可能把凱利兄弟當成了不堪一擊的野
狗了，不時表現出粗心大意和漫不經心的狀況。

紮營後，甘迺迪和史坎倫外出搜索，隆利根與麥肯泰留
在營地。凱利兄弟當時隱藏的地方離員警的營地不遠，在員
警打鳥的槍聲引導下，發現了他們的營地。於是便決定把這
組員警抓起來，並拿走他們的槍和馬。凱利幫摸到員警營地
後，突然現身在兩個留守員警面前，要求他們投降，並承諾
不殺他們。麥肯泰乖乖地舉起了手，但與奈德 · 凱利有過
節的隆利根卻要拔槍反抗，這樣他真的成了奈德 · 凱利第
一個打死的人。當另外兩名外出的員警渾然不覺地回到營地
時，凱利他們已經佔據好有利位置，並命令麥肯泰去勸他們
放下武器投降。史坎倫伸手抓搶被打死，而甘迺迪則趁機跳
下馬來，一邊逃跑一邊不停地開槍，凱利在後緊追。不久甘
迺迪的腋下和胸膛各中一槍，奈德 · 凱利又補了一槍把他
打死。奈德 · 凱利後來說，這是不想丟下他獨自在這樣的
痛苦中慢慢死去。投降的麥肯泰趁亂跳上一匹馬，逃回了曼
斯費爾德。在他逃跑時，奈德 · 凱利沒有向他開槍。麥肯
泰因為他的行為，被人認為是一個懦夫。奈德 · 凱利被捕
後，在法庭上說他不會向一個放下武器的人開槍。三個被打
死的警員就葬在曼斯費爾德，這個小鎮也因為這一事件變得
比較有名。

事情到了這個地步，奈德 · 凱利似乎已經回頭無路了。
1878 年 10 月 30 日，維多利亞州通過一項法令，授權任何

人都可以捕殺凱利幫。任何人若能逮住其中一員，不論生死，都可獲得五百英鎊的獎金；若全數拿獲，獎金是兩千英鎊。凱利幫當時主要的活動區域是維多利亞州的東北部，他們也曾試著渡過澳洲最大的河流墨累河，進入新南威爾士州，但因河水太深，來回流竄作案不方便，而沒有把鄰州變成一個固定的遊擊區。

1878 年 12 月 10 日，凱利幫來到尤羅亞鎮附近，計畫搶劫鎮上的一個澳洲國家銀行營業所。這裡離他小時候住過的阿維納小鎮有四十多公里，離當時十一哩溪的家約有一百二十公里。他們先在一個大牧場落腳，並扣留了那裡的二十二個人，把他們關進儲藏室內，由喬・拜恩看守，其餘三人則前往尤羅亞鎮。進鎮之前，他們爬上附近一座俯瞰全鎮的小山，在看到鎮上的員警離開後，來到剛剛關門的銀行，假託他們帶來了那個農場主人的口信，並有支票需要兌現。進入銀行後，將銀行經理和另外兩名雇員控制住。在搜出銀行錢財後，將銀行人員和他們的一些家人帶回了那個落腳農場。據這幫被扣押的人說，這幫「亡命之徒」對待他們的人質並不壞，他們甚至高高興興地在人質面前展示他們的馬技。吃過晚餐後，他們離開了農場，並告訴這些人質，在牧場再待三小時就可自由活動了。此次犯案凱利幫共盜走價值兩千英鎊的現金和金銀物品，但無人傷亡。搶到的錢，足夠他們歡歡喜喜地過個耶誕節了。現在這個營業所所在的建築已拆除，新的建築用的仍是原來的紅磚，當時用的鐵門也仍然保留了下來。

銀行搶劫案發生後，警方在 1879 年再次提高了捉拿凱利幫的獎金。維多利亞和新南威爾士州各懸賞四千英鎊，並且增派員警加強各地的銀行的保衛。這就是現在到尤羅亞鎮，可以看到房牆上畫有凱利幫成員的像，和標出的八千英鎊賞金的來歷。凱利兄弟的許多朋友和所謂的支持者，都因此而入獄。這時的凱利幫已向北流竄一百多公里，渡過墨累河，進入了新南威爾士州的地盤。

1879 年 2 月 8 日星期六，他們出現在傑里爾德里鎮，把兩個員警關進了牢房。然後自己假扮員警在鎮上活動，還將馬匹牽到鐵匠鋪換新馬蹄鐵，並讓鐵匠把帳單寄給新南威爾士州警察局。到了星期一，奈德‧凱利和喬‧拜恩把一些電線杆砍倒，切斷了電報聯絡，然後進入當地銀行，搶走了兩千四百多英鎊。在搶錢過程中，凱利把在銀行中發現的一些抵押契據當眾燒掉。這次「行俠仗義」的美中不足，是凱利幫不知道這些契據在政府那裡存有副本，結果那些借錢想不還的人，可能空歡喜了一場。所以知識就是力量，想當個好漢，不光需要勇敢和好心腸，也要有知識才行。

在這次搶劫銀行之前的幾個月，凱利在喬‧拜恩的幫助下，口述了一封五十六頁的長信。在信中講述了他是如何受冤枉而被逼上梁山，控訴了警方的不稱職和腐敗，以及如何不公正對待其家人的故事。他把殺害員警行為，解釋成是被迫的，因為若他不打死那些員警，員警就會打死他。信中也訴說了員警，佔優勢地位的英格蘭人，以及新教農民，是如何歧視、對待愛爾蘭裔天主教徒的事。他認為，富裕階層

不公正地佔有了大片的優良土地，貧困是由於很多人只能得
到貧瘠土地造成的，而他的偷盜和轉手賤賣牲畜，是一種劫
富濟貧行為，不然的話，很多窮人根本買不起大牲畜。使
他和這封信流入澳洲史冊的一個重要原因，是他在信中提出
「維多利亞東北部的人民要建立自己的共和國」。這被現在
的人們認為，它代表了澳洲人獨立的國家意識的萌芽之一。
最後他宣稱，任何與他作對的人都會受到懲罰。這可以算得
上是一篇「造反加政治宣言」，與他在此之前願意有條件自
首，和「只反貪官，不反皇帝」的表現有了根本地變化。

　　這段時間，似乎是凱利為自己做宣傳、搞公關，兼當
文藝青年的時期。在 1878 年 12 月 16 日，凱利就已寫過一
封二十多頁的信給一個維多利亞州議會議員。這封信約有
7391 字，現在已然成為一篇獨樹一格的澳洲文學作品。凱
利當時找當地報紙的編輯，想把信印刷出來，但估計是和現
在的很多寫手一樣，遭到了退稿。後來，他把信件交給了一
個銀行職員，也就是現在的白領。該白領答應他把這封信
交給一位議員，但他食言了。這封信曾經保留在警方的檔案
中，後來神秘地消失了一段時間，直到 1930 年才重新出現。
2000 年，維多利亞州立圖書館獲得了該信的原件。信中凱
利的遣詞用句粗俗而生動，像他把員警描述成「肥脖子上長
著醜袋熊的頭，大腹便便長著兩條澳洲小喜鵲的細腿，小屁
股配上八字腳，一群甘做愛爾蘭官僚和英格蘭地主的兒子」
的人。讀著這些描述，眼前不自覺地會形成一個漫畫形象。
有專家高度評價這封信，說它讓我們能聽到一個鮮活的奈
德．凱利的聲音，這在任何歷史文獻中都是找不到的。

在 1879 年 2 月之後的十八個月裡，警方始終無法掌握
凱利幫的行蹤，於是把氣撒在了那些他們認為可能在協助凱
利幫的人身上，有二十多人因此入獄三個多月，但這些人後
來沒有任何人被指控有罪。想來員警有些氣急敗壞了，同時
也可能怕得要死。因顧慮凱利幫會來解救他們的朋友，在監
獄門口專門安上一座鐵門。當時不少人認為凱利幫可能早已
到了其它地方，員警在維多利亞打轉，永遠不會拿到雙倍工
資和賞錢。據奈德・凱利的親友後來交待，凱利幫那時候
躲在離家不遠的地方。他們曾經討論過分批去昆士蘭，認為
到了這種熱帶地區曬上幾年太陽，就不會有人認出他們來
了。那時沒有現在的整容方便條件，只好想這種環保加綠色
的法子。據說奈德・凱利的姊妹也曾打聽過去美洲的費用，
這也讓到處抓稻草的員警興奮和忙活了一陣。假如凱利幫曾
經流竄到阿德萊德山區躲風頭的話，事情就應該發生在這段
時間。

凱利幫重新復出，是在他們發現喬・拜恩最好的朋友－
亞倫・謝里特，可能是警方的密探之後。1880 年 6 月 25
日夜，星期五，丹・凱利與喬・拜恩前往比奇沃斯附近謝
里特家中，先由脅迫的鄰居去敲後門，亞倫・謝里特剛一
開門就被打死了。那時，四名派去保護謝里特的全副武裝的
員警，躲在屋裡的床下不敢出來。丹・凱利與喬・拜恩星
期六晚上八點半離開，直到星期天下午六點，員警們才逃離
這裡。在後來的「檢討書」裡，帶頭的員警寫到：那個密探
被打死，無疑是一件非常好的事情。如果不是這個結局的
話，以後政府不可能定他的罪，不可能再幫助他，他可能又

回到他的老路，甚至變成一個叢林強盜。

把檢討書寫成請功狀看起來是夠厚臉皮的，但這反映出了一些澳洲文化和中國文化的差異。譬如在澳洲，有人轉身輕碰了你一下或擋了你的路，會很自然地說一聲對不起，不少人認為這是澳洲人素質高的表現。這在國內恐怕是顯得非常客氣和有教養了，不少情況下，國人常常善於把小麻煩演變成大衝突。

曾經聽人講了個或許是真實的笑話：

一個老外不小心碰了一個中國人。外國人趕忙說了一句「Sorry！」

中國人想：你碰了我，這麼說一聲就算完了？

於是憋著一股氣，追上老外用力一撞，嘴裡說道：「我Sorry你！」

需要留意的是，澳洲人的這種好習慣，主要體現在一些不需要承擔後果的事情上的。除此之外，澳洲人基本上採取的是保持距離或保留態度的方式。即使是打碎的東西，碰傷的人就在腳下，頂多會說：「對不起，發生了這種事。」而決不會講：「對不起，這是我的錯。」他們對孩子的教育，從小也是堅持不認錯。這個要求，估計洋速食店的店員在入店培訓時都被要求記住：如果有顧客在他們的店裡滑倒，他們的員工只能幫助，而不能承認是他們的地滑造成的等等。但在中國文化中，從小受的教育是「有錯認錯，改了就好」。這種文化差異的對比，也許有些以偏概全，但在生活中我是遇到過不少次。這個員警為自己懦弱表現的辯解，算是一個

佐證，他在澳洲過去和現在，都不算是個異類。

其實這次殺人行動，只是凱利幫整個計畫中的一部分。他們的計畫是要把班納拉鎮上的員警引出來並破壞鐵路，造成運送員警火車出軌事故。然後進入警力空虛的班納拉鎮搶劫銀行，並用捉到的員警交換坐牢的親屬。圍點打援，引蛇出洞，聲東擊西，三計齊發。若是成功，比三國演義裡王允的連環計要精彩得多，凱利幫的戰術水準提高的真快。

也許凱利幫不知道的是，就在他們殺掉員警密探的兩個星期前，也就是 1880 年 2 月 9 日，因為他們殺死三個員警而頒佈的格殺勿論法令，已經因議會解散而失效了。凱利兄弟身背的，只剩傷害員警菲茲派翠克的通緝，而另外兩個成員已重新成為自由人。雖然員警可以發佈新的逮捕令，但從法律的角度講，凱利幫有機會回頭。這也提醒人們，不論情況顯得多麼無法收拾，事情並不總是一成不變的。在職場上，有一天老闆因為你的過錯而暴跳如雷，你認定自己的前程完了，但興許老闆平靜下來後，想法又有了變化。兩口子鐵定了要離婚，沒準有時候心裡想找個臺階不離了。和別人起了衝突，磚頭棍子舉了起來，不見得砸下去扔出去之前沒有猶豫。若能在適當的時候，把握住轉機的機會，雖說不見得能達到其中一方最高的期望，卻很可能避免對雙方最壞的結果。從這個角度看，施耐庵把《水滸傳》裡的好漢寫成願意受招安，也是這本書能被更多人接受的一個原因。一往無前、當機立斷，體現出的是一種決心和性格；審時度勢、隨機應變，是一種一輩子都學不完的本事，兩者結合才能如虎

添翼。

　　估計員警和凱利幫都沒想這個道理，員警沒有設法轉告
凱利幫通緝令的變化，讓他們像宋江一夥那樣接受招安，凱
利幫沒留意打聽形勢對他們是否有利，雙方繼續一根筋地按
自己原有的想法行事。預料到警方會從班納拉鎮方向，運人
到密探所住的比奇沃斯來搜捕他們，凱利幫悄悄來到了這兩
個地方之間的格倫羅旺小鎮，準備給員警來個措手不及。這
個小鎮現在的人口不到一千，鎮上看起來有一半人靠凱利幫
的故事生活。小鎮的位置和地勢，對凱利幫發動襲擊也比較
有利。這裡人口不多，容易封鎖消息。警力薄弱，輕易就被
制服。鎮後有一座突出的小山，能瞭望全景。周圍有些丘陵
相連，叢林密佈，便於隱蔽和逃遁。離主要城鎮遠，這能為
他們贏得時間。

　　凱利幫在這裡召集了他們的支持者，按照不同的說法，
人數有二十人、三十人，或奈德・凱利自稱：有一百五十人。
這些人主要是他那些不斷跟員警有摩擦的親戚，還有一些生
活境遇不佳的人。這些人是要在某個時機，與凱利幫共同成
立那個獨立的共和國的。這時候的凱利幫，已經從一個殺人
越貨的土匪幫，向一個有政治目標的組織在轉變，若假以時
日，真有可能成為當時殖民政府的心腹大患。若能成功地起
到這個帶頭作用的話，現在的澳洲大陸也可能要有兩個、甚
至兩個以上的國家了。看來凱利幫在銷聲匿跡的這一年多時
間裡，花了時間考慮他們的未來，而且為自己找到了一個努
力方向。這個轉變雖然在萌芽時期就夭折了，但卻使凱利幫

變得不同於此前和同時代的其他叢林強盜。有不少澳洲人認同，凱利幫的政治目標，反映了當時澳洲人對殖民體系的不滿，和逐漸萌生的獨立國家意識。這是凱利幫在澳洲如此有名的一個深層次原因，可能也是奈德‧凱利形象出現在雪梨奧運會上的原因之一。要知道一百三十多年過去了，澳大利亞現在還是英聯邦的成員，名義上總督代表英王室在統治著這個國家。

事情開始進行得比較順利。1880 年 6 月 26 日，星期六，半夜時分到達小鎮後，他們把鎮上和小火車站上的六、七十人，分批趕進離火車站不遠的格倫羅旺旅店。不大的旅店離火車站有一百多米的距離，旅店後面就是樹林。在通過小鎮再向前走一公里的地方，被脅迫的鐵路工人把鐵軌和枕木搬走。鐵路的一側有深溝。他們預計火車減速通過小鎮後，會開始加速，在這個位置翻車，會讓員警非死即傷，潰不成軍。奈德‧凱利十五歲的表弟，帶著兩支二踢腳炮仗等在那裡，一旦火車翻車，就點炮仗發信號。見到信號後，凱利幫的支持者們就趕來，和他們一起抓員警。彷彿把抓員警想像成了抓豬，這似乎顯示出了一種驕傲輕敵的情緒。但奈德‧凱利同時要求他的支持者，不要捲入和員警的槍戰，對此有些令人費解。或許他不願這些人捲入得太深，還是怕殺人太多，輕敵，或者是犯了個人英雄主義的毛病？

按他們的推測：保護密探的四個員警，會在他們離開後立即跑去報告，大隊員警當天就會乘車到達。沒想到的是，他們把那四個員警嚇過了頭，直到第二天驚魂稍定才去報

告，加上員警接警後動作慢，造成實際比預想的時間晚了三十一個小時。在員警火車遲遲未到的情況下，二十一個人質被釋放回家。為了安撫酒店裡其他軟禁的人質們，他們邀大家跳舞、喝酒、比賽跳遠。奈德・凱利和酒店老闆的女兒跳起了舞，這讓他們分了不少心，疲勞也使警覺性有所降低。除了奈德・凱利，凱利幫的其他人喝得也有些高了。一名叫湯姆斯・科諾的當地學校教師利用取得的好感，帶著他的家人回了家，同時保證不會出門。28 日凌晨三點多，科諾聽到了火車開向小站來的聲音，他跑著迎出去，搖晃裹著紅圍巾的提燈，讓火車停了下來。

從墨爾本方向發來了兩輛專車，運送員警和一幫記者，共計二十七個乘客，員警的人數推測是十人以下。令奈德・凱利頭疼的土著搜索隊沒在車上，這個搜索隊在野外極善辨風識味，尋蹤探跡，對凱利幫威脅很大，是他一心想除掉的。員警和記者都沒想到，會在離預定目的地五十公里的地方遭遇凱利幫。火車悄悄進站後，員警在慌亂中下車，向旅館摸過去。記者則躲在月臺上，心裡盤算著如何充分利用好這個千載難逢的機會，發出去震撼性新聞。

喧鬧的旅店裡，奈德・凱利他們沒有意識到外面的情況，直到其中一個人發現停在站內的火車，才匆忙準備。這時候有些人質趁機逃脫，員警也已經佈置在旅館周圍，近到能聽到凱利幫的講話聲。清晨 3 點 8 分開始的第一次密集交火持續了十五分鐘，凱利幫一開始在旅館遮陽篷下與員警對射，稍後退入房內。這期間，奈德・凱利大叫：「打吧！

狗子們，你們傷不到我們。」一個員警聽出了他的聲音，對他的位置開槍，打傷了他的左臂，在退回房內時他又傷了右腳，帶隊的員警手腕受傷，此後槍聲持續響起。

三點半的時候，凱利幫有幾匹拴在旅店後面的馬被射殺，這顯然為他們的逃遁造成了麻煩。大約凌晨六點時，凱利幫中的喬・拜恩感到口渴，到酒吧拿酒喝，被流彈擊中死亡。逃出來的人質證實，旅店裡只有三個凱利幫的成員。除了喬・拜恩，活著的兩人身上穿著自己用犁所做成的鎧甲，戴著頭盔，繼續向外射擊。拂曉時，從附近城鎮又有三十名左右的員警趕來增援，員警人數增加到四十六名左右。

槍戰發生地。木柱顯示「好漢們」的位置和形象。小旅館舊址已成荒地。

在員警援兵到達後不久，從員警背後的叢林裡走出了身穿盔甲的奈德・凱利。他在交火後不久就溜出了員警的包圍，騎上留在旅店後樹叢中的馬，跑進了山林。他原本是有機會逃脫的，這時再次出現，可能是為了救旅店裡的同夥，也算是夠仗義的。

目擊者說奈德・凱利身著 41.4 公斤的盔甲，笨重的盔甲保護了他的身體上部和頭部，在眼睛的部位留著縫隙，四肢露在盔甲外面。同時也妨礙著身體的運動。他一邊向前不停地移動，一邊向旅店方向喊，要同夥出來。同時對向他射擊的員警喊：「你們傷不到我！」

奈德・凱利穿戴著盔甲剛從叢林中出現時是在七點鐘，天還不是太亮，加上周圍硝煙彌漫，員警一時搞不清是什麼怪物。他的那身打扮，和居高臨下的位置，讓他顯得很高；看不出頭的形狀，喊出的聲音因為頭盔遮擋的原因，聽起來很怪。周圍的幾個員警在喝問幾聲後，開始射擊。子彈打在盔甲上迸飛出去，有的員警禁不住喊：「天哪！它是水怪。」待到奈德・凱利慢慢走近，舉起右手的左輪手槍，員警才確信這是個人。

他們發現：來人行動緩慢，右手活動不便，開槍時即使在左手的協力托舉下，也很難抬高，向員警開的槍準確度很低。每次中彈後，身體就像被重擊了一拳似地晃一下，地上的樹杈也給他添了不少麻煩。在走到一棵倒在地上的大樹前時，他把一條腿踏在樹幹上，抽出他的第三支，也是最後一支左輪手槍，繼續射擊。這就是現在常見的奈德・凱利的

形象之一。

員警對他叫到：「繳槍投降！」得到的回答是：「絕不！有一顆子彈就不會。」這時有的員警發現了他的腿沒有保護，一個奈德・凱利深恨的，叫斯提勒的當地員警，趁亂挪到一側，在三、四米外開了槍。奈德・凱利中彈倒地，嘴裡叫著：「我完了！我完了！」這時斯提勒和另一個員警撲上去，奈德・凱利在繼續反抗中，開槍把斯提勒的頭盔打掉，最後雙拳難敵四手被擒。這時大約是在 7 點 45 分。在這個過程中，有員警提到奈德・凱利忠實的馬，一直在後面不遠處跟著他。他的盔甲保護了他，同時限制了他的行動，也算是福兮禍所伏。假如不是這樣有進無退地挪進包圍圈，而是從樹林裡向員警打冷槍，效果可能會好些吧！但是奈德・凱利就是奈德・凱利，他有自己的性格和判斷，讓他成功，也使他遭擒。真算得上是「成也蕭何，敗也蕭何」。

被擒的奈德・凱利，被抬到火車站上的一座小屋裡裹傷。在場的人回憶說：他肯定很疼，但躺在那裡一聲不吭。中午十二點左右，一個叫金伯尼的羅馬天主教神父乘另一列火車路過這裡。他為奈德・凱利做禱告道：「耶穌憐憫我，並祈求您的原諒。」奈德・凱利回應道：「不是我現在才說這話，這個禱告我早就做過了。」聽起來讓人想起的是「虎死不倒威」。

大致是在這個時間，車站上來了很多人，其中有奈德・凱利的三個姐妹。她們一個把他的頭放在腿上，另外兩個則

不停地哭泣。相信當時看到這個情形的人，多數心裡會有一種複雜的感受。

山后枯樹本無奇，但與奈德·凱利最後頂盔戴甲持槍射擊的形象卻有神似之處。

　　雖然奈德 · 凱利被擒，他的弟弟丹 · 凱利和史蒂夫 · 哈特繼續抵抗。他們在上午十點放出了人質，放出來的每個人都被員警命令趴在地上逐個檢查，其中的兩個人被認定是凱利幫的支持者，遭到逮捕。十二點左右，由旅館裡發出的射擊停止了，但沒有員警敢進去。下午 2 點 50 分，在火力掩護下，員警在旅館西側放上火把，火勢很快蔓延。金伯尼神父此時進入著火的旅館，發現丹 · 凱利和史蒂夫 · 哈特已經死了，並從他們身體的位置判斷是自殺。喬 · 拜恩的屍體被拖出了火海，後來被拉到班納拉鎮上展示，再後來員

警在夜裡把屍體悄悄埋了，沒留下標記。其他兩個屍體，燒得連他們家裡人都認不出來了。為了平息與他們親屬的緊張對立，由警長約翰・桑德利亞協調後，屍體當場交給了他們的家人，後來埋在了家鄉格雷塔鎮，也沒有標記。這四個人如果時空穿越到梁山泊，應該都夠格坐在前排交椅。

　　警方向酒店的射擊，從凌晨三點持續到下午三點，總計十二個小時，據估計共射擊了一萬五千發子彈，平均每分鐘打二十槍。當時警方配備的，可能有馬提尼 - 亨利（Martini-Henry）單發式步槍，或斯賓塞連發步槍。馬提尼 - 亨利步槍首次在 1871 年被英軍正式採用，其衍生型在英國及其殖民地共服役了三十年。其中的 Mark IV 型雖在 1889 年停產，但卻用至第一次世界大戰結束才退役。在 1979 年阿富汗戰爭中，一些阿富汗聖戰成員仍有使用馬提尼 - 亨利步槍抵抗前蘇聯軍隊。而後來，美軍也曾在阿富汗繳獲過馬提尼 - 亨利步槍。使用這種單發步槍發射一萬五千發子彈，工作量可是不小。裝備了斯賓塞的員警相對從容些，最快 12 秒可以打完 7 發彈，持續射擊速度可達到每分鐘 14 發。即使用這種好槍，射出一萬五千發子彈的總時間，加起來也要十七個小時。想像一下，當時的員警不停地裝彈射擊，斷續工作十二個小時。在決定放火之前，大炮已經裝車起運了，準備來對付小旅館裡區區的三個人。在佩服他們的工作態度的同時，也大致能感受到凱利幫的威懾力。

　　在這次事件中，有幾名人質也中彈，並有三人死亡，包括一名十三歲的男孩。一名鐵路工人被從著火的旅店被救

出後，不久就死了。另一位曾被凱利強逼破壞鐵路工人，也
因傷重而死。

　　警方也有一小部分的人受傷，但無人死亡。假如員警按
凱利幫預想的時間接到報警，並及時出動，傷亡很可能會大
得多。不知這是否要歸功於那四個沒完成任務的員警，和整
個員警系統低下的效率，又是一個令人哭笑不得，兼人算不
如天算的事例。

　　有人推算當時八千英鎊的懸賞獎金，相當於 2008 年
四十萬澳元，分別分授給參與逮捕行動的警員、輔助人員
等，每人分得 25 至 550 英鎊不等。對賞金現值的另一種演
算法是，在維多利亞小鎮上能看到同時代的商業和公共建
築，建造費用在一千六百英鎊，現在的價值大概在三十萬到
四十萬澳元。這樣算來，這筆賞金相當於現在的一百五十萬
到二百萬澳元。攔停火車的湯姆斯・科諾獲得了 550 英鎊
的獎金，有不少人認為他應該得到更多獎金。四十二年後湯
姆斯・科諾去世。他被看作是一個英雄。

　　奈德・凱利 1880 年 10 月 19 日開始受審，起訴的罪名
是：謀殺三個員警和一個員警密探、銀行搶劫、拒捕，和一
長串其它的輕罪名。他對故意殺害員警湯姆斯・隆利根表
示認罪，最後被處以絞刑。在法官按照套話說：「願上帝憐
憫你的靈魂」時，奈德・凱利回道：「讓我加一句，我見
上帝的時候你也會在那裡。」回答頗具英國黑色幽默風格。
應他的要求，其家人和他見面訣別。據稱他媽媽對他說的最
後一句話是：「死得像個凱利。」真是個堅韌的女人，說話

擲地有聲。報導說，在得知行刑定在 1880 年 11 月 11 日 10 點時，他說的話是：「人生就是如此。」是慷慨還是感悟？這個日子正好是近幾年無中生有的那個「光棍節」，若是再晚一個小時行刑，11 月 11 日 11 點，現在人又會謅出什麼么蛾子來呢？

有許多人不贊同判處他死刑，有超過三萬人，也有說是六萬人，集體向政府請願請求赦免。似乎可以想像，當時奈德‧凱利不甘貧困，但四處碰壁的境遇。人窮志短，不平則鳴，若再有「劫富濟貧」名義，和深有同感的大眾，強盜和好漢之間的界限，就不像楚河漢界那樣清晰了。類似的事情顯然也發生在《水滸傳》裡，大家對殺人放火的梁山好漢的同情和支持，和當時，和現在不少澳洲人對奈德‧凱利的態度，是有相通之處的。

奇怪的是，1880 年 11 月 23 日，判處奈德‧凱利死刑的法官雷德蒙‧貝瑞爵士，在患病後沒多久便去世了，離凱利的死僅差 12 天（幸好不是 11 天）。不知道這是一種巧合，還是奈德‧凱利有特異功能，預知了他的死期。他媽媽直到 1923 年 3 月 27 日才去世，終年 95 歲。不論是否招人喜歡，她稱得上是一個剛毅的母親。

奈德‧凱利死後，被埋在墨爾本監獄一處沒有標記的墓中，與其他在獄中被絞死的犯人葬在一起，這個監獄現在墨爾本市區。1929 年，在對墨爾本監獄進行重建時，挖出了三十二具人骨，而後重新安葬在別處。2008 年，在重新發掘這一埋葬處後，經過 DNA 檢測證實，其中一具骨骸的

DNA，與奈德 · 凱利在世的一位家族成員明顯相符；同時
該骨骸也顯示出奈德 · 凱利在與警方槍戰時所受的多處槍
傷，因此認定為奈德 · 凱利的骨骸。然而這副骨骸卻找不
到頭骨，奈德 · 凱利的頭骨至今仍下落不明。

　　2013 年，維多利亞州政府將奈德 · 凱利的遺骸交給其
家族。2013 年 1 月 18 日，在旺加拉塔市的一座教堂為奈德 ·
凱利舉行了遲到的葬禮。2013 年 1 月 20 日，奈德 · 凱利
下葬在格雷塔鎮一處沒有標記的墓地。他的生前身後，已經
得到了太多的關注，親友們大概希望，現在他能真正不受好
奇者的打擾了吧！

　　在儀式上，其家族成員都圍著綠腰帶。被凱利幫殺害的
麥可 · 史坎倫警官，與那個朋友加密探的亞倫 · 謝里特的
家族親屬也都到場。想像中，本來應該像「羅密歐與茱麗葉」
劇中開始時那樣，殺人與被害人家族之間會形成一種世仇，
在這裡看到的，卻是共同對逝去生命的一種紀念。

　　澳洲號稱具有多元文化，但主流文化的根源應該多是英
倫文化。除了在政治經濟法律體系上能看到這種傳承外，在
一些社會習俗上也不例外。像英國前首相柴契爾夫人的葬
禮上，有肅穆、眼淚，但在演講人說到她的一些往事時，聽
眾會一起笑一笑。澳洲也是這樣，記得一個澳洲勞動黨前總
理的葬禮上，他的一個前助理講的是逝者到歐洲一個國家訪
問，其中一個日程，是他和當地人一起長跑。當他來到場地
時，發現和他賽跑的是一些有名的運動員。在他第一個精疲
力盡地跑過終點後，不太相信地對著東道主說：「我竟然贏

了？」東道主回道：「是我們安排你贏的。我們可不想因為一次賽跑鬧出個外交事件來。」參加葬禮的人同樣是滿場笑聲。但澳洲畢竟有它自己的一些特色，剛來澳洲時看到過一本書，書名已經完全記不起來了，但開頭的一段話卻記得清楚：「英國的犯人在澳洲繁衍幾代後的子孫，與英國本土人有了明顯的不同。他們的皮膚顏色變深，四肢變得修長，不再愛記仇。」被害者的族人一起出席奈德‧凱利的葬禮，似乎也印證了這種說法。

正像那首「愛與哀愁」的歌裡唱的那樣：「愛並不會是一種罪過，恨也不會是一種解脫」。對外人來說，奈德‧凱利是個罪犯。但對他的朋友親人來說，他是他們生活的一部分，他們有權愛他，不應因為不劃清界限而受到責難。對於被害人的後代來說，是一種相逢一笑泯恩仇，還是借此機會來緬懷自己的先人，抑或是了結自己的心結？澳洲文化也是需要點點滴滴地體驗，才能品出其中的滋味來。

奈德‧凱利死後，當時的政府沒有開個慶功會了事。維多利亞殖民政府成立的皇家委員會，在 1881 年到 1883 年對員警系統展開了調查，做出了很多政策上的調整。調查的結果同時揭露了在凱利事件中的員警方面的問題，不少員警受到降職、開除等處分。

不少人，包括參與追捕凱利幫的警官約翰‧桑德利亞，也就是調停把丹‧凱利和史蒂夫‧哈特的屍體交給其家人的那位警官，開始把這個事件，從單純的犯罪聯繫到了道德、公平正義、政府在該地區缺乏領導力，以及當時的法律

和社會問題。認識到在維多利亞東北部地區出現的凱利事件，根源在於土地問題。生計艱難的農民，在和大牧場主之間出現糾紛時，在政府和法律上均處於弱勢地位，只能另想他法。把這類事件應該做為土地權利爭端，而不是僅僅當犯罪事件來處理。即使奈德・凱利死於 1880 年，此後七年這個矛盾依然不時激化。此後一些員警在關注這些小家小戶的農民上做了很多工作，從而避免了類似凱利事件的再次發生。

時至今日，奈德・凱利已經是澳洲文化的一部分。他的故事不時地出現在書籍、影視作品中。2010 年，一幅凱利畫像曾經以 540 萬賣出，屬於歷史上澳洲本地畫作成交的最高價。其形象也融入了人們的日常生活中，從蛋糕上的圖案，紋身圖案到郵票。有一種有名的鹹肉雞蛋乳酪的餡餅，叫「奈德・凱利餡餅」。在澳洲，知道奈德・凱利的人，很可能比知道現任聯邦總理的人要多。這一方面是因為奈德・凱利有名，另一個原因可能是澳洲的總理「你沒唱罷我就登場」，換得太快了。最新的傳奇，是賣給我這個休閒農場的仲介告訴我：農場的房子最初是由奈德・凱利家族所建，而且他本人曾經在這附近躲藏過。

如果奈德・凱利或者他的家族與我的這塊土地有些淵源，自然是一種可以引人注意的資源，起碼能為這個平凡的農場增加一些談資。在第一次做為新主人進到房子裡時，家裡人站在主臥的窗前，看著小坡下的公路，欣賞著對面的山景，我曾經冒出來一句：「想想一百多年前，小奈德・凱

利可能也站在這個位置看路上駛過的馬車呢。」但現實中，有兩句話可能比較適合形容類似的情形，一句是「無風不起浪」，另一句是「捕風捉影」。

在澳大利亞的檔案中，似乎奈德‧凱利的母親家族中有人在南澳州生活過。在 1879 年 3 月至 1880 年 5 月間，他和他的同夥行蹤是個謎。在那段時間，員警逮捕了他們的很多朋友和同情者，這必然對他們的生存帶來重大影響。為躲避員警，投親靠友，遠遁他鄉也是有可能的。維多利亞州北面是新南威爾士州，東面是大海，南面與塔斯馬尼亞州隔海相望，西面是南澳州。當時維多利亞和毗鄰的新南威爾士州都在通緝他們，維多利亞州西面的鄰居南澳州，是他們躲避風頭最佳的地方。阿德萊德山區山高林密，假如還有親戚可依靠，應該是一個藏身的首選。

雖然位於南澳州的這個農場距離奈德‧凱利活動的地區有 800 公里的距離，但當時人員和貨物往來已經比較頻繁，道路相對通暢。如果考慮到他們的境況，想走隱蔽通道的話，在 1851 年維多利亞州淘金熱開始後的幾年裡，形成了一條從南澳州到維多利亞州金礦區，通過人煙稀少地區，長達 500 公里的，相對隱秘的中國勞工淘金小道。沿途有水源等，並且可以避免經過大的村鎮，以防遇到官方的盤查。站在奈德‧凱利的角度上看，從這條路線潛入南澳州應該比較順暢。凱利幫也曾經為了追蹤一個他們要報復的員警，到達過新南威爾士州海伊地區。海伊離他們經常活動的地區直線距離近 300 公里，說明他們的機動範圍可以很大。

從這兩方面看，傳說奈德・凱利曾藏身在附近，算得上是「無風不起浪」。他被捕後會儘量掩蓋一些情況，保護那些有關聯的人，窩藏過他們的人也不會張揚這種惹麻煩的事，現在查不到有關證據也不為怪。

現在的房子原建於 1890 年。奈德・凱利在 1880 年在墨爾本監獄被絞死。即使奈德・凱利的家族與這塊土地有些直接或間接的聯繫，現在的房子也應該是拆舊建新，在奈德・凱利死後才建的。再說，當時能住上這麼像樣的房子，應該也不算太窮了。從這方面看，這個傳說是否靠譜就難說了。儘管這樣，我也自願成為這個傳說的推波助瀾者。歷史事件上的很多撲朔迷離，不就是這樣產生出來的嗎？

今天的華人農民對往日華工遙拜－新版「西遊記」

史海沉鉤，釣上來這條淘金小道的線索，作為一個華人，不做一下介紹，顯得忘本了。這是一段不應被忘記的六萬多華人海外奮鬥史，裡面包含了足夠的艱辛和磨難，可以做為一個近代「西遊記」的原始素材。

另一個聯繫實際的原因是：我是個華人，做為一個少數民族，主流社會對華人的看法，可能在華工來淘金時就開始形成。不要以為澳洲人見多識廣，其實很多人，包括交遊比較廣闊的一些澳洲人，對現代中國的瞭解，比不上大多數中國人對澳洲的瞭解。不止一次聽到第一次去中國旅行回來的人，感嘆其所見所聞加所吃。在現在，主流族裔的澳洲人對華人的印象中，難保沒有上百年前華工的影子。在山區政府

開會時，濟濟一堂之中，只有我一個黃皮膚黑頭髮。在澳洲十幾年，遇到有人想知道我是從哪個國家來的時，竟然有大多數人猜我是越南人、韓國人或日本人。從人口比例上算，華人差不多佔到世界總人口的 20%，想不透這些人怎麼不首先猜我是華人呢？是因為他們覺得，標準華人的腦袋後面，應該有那個少數民族的馬尾辮子嗎？要想瞭解他們內心深處對華人的看法，熟悉和感受華人的過去是必須的，正所謂知己才能知彼。

繼 1848 年美國加利福尼亞的淘金熱之後，澳洲的維多利亞殖民地，於 1851 年左右興起了淘金熱。隨之而來的，是大量的海外人口流入。據估計，在 1851 年至 1860 年，從大不列顛來澳洲的有 50 萬人，從其它歐洲國家遷入 1.5 萬人，來自美國的有 1.8 萬人。這些新增人口，60% 的進入當時的維多利亞殖民地。在淘金熱中到達維多利亞殖民地的中國人，估計為 62990 人。1853 年有兩船中國人到達維多利亞殖民地，1854 年數量增加到 3000 人，僅 1855 年就有 11493 個中國人到達墨爾本。據稱，第一個在澳洲發現金礦後引進華工的人，是 Louis Ah Mouy (1826–28，April 1918)。他祖籍廣州，在新加坡長大。他大概是墨爾本最早的華人移民之一。他做過建築工和木工。後來他開始涉足金礦，並曾是澳大利亞聯邦銀行的發起人和主要股東，成為墨爾本最富的人之一。是他寫給在國內兄弟的一封信，引來了幾萬淘金華人，因此他也被稱為是維多利亞華人之父。

中國人吃苦耐勞，使用的淘金技術、生活習慣和長相穿

著，也與歐洲人的很不相同，當時的種族歧視，或說是「種族矛盾」是很嚴重的。1855 年維多利亞殖民地實施針對中國人的移民法，這包括限制每條船運載華人的數量，同時徵收每人 10 英鎊的人頭費。由於南澳允許華人免費登岸，運送船隻就將來澳淘金的華人運到南澳的港口，然後這些華人再徒步到維多利亞的金礦區。開始時，船停靠的港口是阿德萊德，從那裡到維多利亞本迪戈或巴拉蘭特金礦區，有七百公里的距離。稍後的 1857 年 1 月 17 日，停靠港口開始改在了南澳的羅布，由此到各金礦區四百到五百公里不等。

當時的中國可說是災難深重，中國在 1840 年第一次鴉片戰爭失敗後，被迫付給英國賠款，鴉片貿易所引起的金銀外流，外國競爭對本國生產的破壞，國家行政機關的腐化，稅捐難以負擔。再加上旱災、鴉片氾濫，百姓貧窮到達了極點。人們鬻妻賣子，許多人靠樹皮為生。1850 年末至 1851 年初，洪秀全與楊秀清、馮雲山、蕭朝貴、曾天養、石達開等人，在廣西金田村組織團營舉事，後建國號「太平天國」，並於 1853 年攻下金陵，號稱天京（今南京）。1864 年，太平天國首都天京陷落，洪秀全之子被俘。1872 年 5 月 12 日（同治十一年四月初六日），最後一支打著太平天國旗號作戰的太平軍部隊－翼王石達開餘部李文彩，在貴州敗亡。太平天國內戰是明清戰爭以來規模最大的戰爭，太平軍的足跡先後到過廣西、湖南、湖北、江西、安徽、江蘇、河南、山西、直隸、山東、福建、浙江、貴州、四川、雲南、陝西、甘肅諸省，攻克過六百餘座城市。約有三千萬人死於天災人

禍之中，廣大的田園荒蕪。

烈火現真金。在這種災難深重的背景下，中華文化中最根本的價值觀得到了充分體現，那就是家庭觀念。以我的理解，這種家庭觀念，表現在整個家庭為成員之一，或成員之一為家庭做出犧牲，顯得是理所當然的。自 1857 年開始，有超過 16500 個中國勞工離鄉背井，遠渡重洋，從南澳的羅布港登岸，然後跋涉四百多公里前往維多利亞中部淘金。為的是省下幾英鎊，然後是掙到錢，寄回家。多年前在與東南亞國家的一些華人交談時，他們提到那些早年下南洋的先人們，有不少是只穿著條短褲登岸的，這些來澳洲的華工境遇也好不到哪去。

當時貧困的華人來澳淘金，不少人是以全家做賭注。船費大約 10-12 英鎊，其它的還有入境和生活等費用。這對當時連吃飯都不能保證的人來說，負擔可想而知。很多人是通過借貸來籌措這筆費用，出借方可能是親戚、錢莊、鄉鄰和高利貸代理。淘金人回來後，除返還本金，還要支付帶回的三分之一黃金。如果借錢時沒有土地等財產作抵押，他的家人就要去做出借方的長工或傭人。若淘金人到期未歸，其家人有可能被賣掉，或繼續做奴隸還債。

這種萬水千山的旅程，對於很多來自廣東、福建鄉村的人來說，是完全陌生的。他們必須成幫結夥，由一個見過些世面，會幾句英語的人帶領。這個領頭人通常是在當時的一些通關碼頭上混過的，負責與官方、船長，和澳洲當地人打

交道。他們先經廣州或廈門，然後坐船到香港，住在簡陋的窩棚裡等待上船。運送華工對那些英國、美國或荷蘭的船長們來說，是個賺錢的好生意，因此他們儘量往自己的船裡塞人。往往船裡極度擁擠，加上水和食物的匱乏，不少人死在船上和路上。在廈門的英國領事，曾經記錄了一條船上，在幾天內有七十人死亡。

海上旅行的煎熬，只是這個「十萬八千里」艱辛路程的一部分。大船停泊後，每人要再交一英鎊，換小船擺渡到岸上。在 1857 年，共有 32 艘船把 14616 名華工運到羅布港，其中有一名女性，算是個「近代花木蘭」吧！當地人和船員充分利用這個機會，聯手從這些別無選擇的華工身上，盡可能地賺錢。這些華工告訴當地人，中國是「天朝」，中國皇帝是「天子」，因此當地人把他們叫「天朝人」，這個稱謂在今天仍然能偶爾聽到。

那個時間是在 1839 年至 1842 年第一次鴉片戰爭之後，1856 年至 1860 年第二次鴉片戰爭之間，太平天國戰亂期間。華工們能在英國的殖民地，對這些「洋人」這樣介紹自己的國家，似乎說明當時很多中國的老百姓，沒把自己看成是「東亞病夫」。原來看到的，一些老的黑白照片上，看到的是瘦小的清朝人，頭上垂著細辮子，面帶病容和憂鬱，破敗的背景下，給人的是「國破家亡」的印象。從這個對自己國家的稱呼中，這些華工帶出的，是紮根在骨子裡的自信，還是掩蓋在牛皮下的無知？除了苦難和艱辛，晚清的人會笑嗎？

　　不要說兩三千年前的歷史，就是中國一百多年前的生活和精神狀況，現在的人們瞭解得並不多，有意或無意抹去的卻不少。說不清這次是因為看到了一些澳洲的介紹而開始偏信，或者是在過去吸收歷史知識時曾經「偏食」，看到華工們稱自己的祖國為天朝時，我的第一反應是：「哇賽！那時來澳大利亞的華人，比現在的人牛。」也許當時，雖然外族統治的大清國力已經從頂峰滑落下來，但往日的輝煌還留在國民的記憶中，所以心裡還留存著一些底氣。而現在，雖說是華人的社會和經濟地位不斷提高，但苦日子的印象還揮之不去，難免心裡發虛。華人文化的內斂、謙虛與客氣，在澳洲，這個文化中充分蘊含著個性發展和外向探索的環境中，很容易被看作是「不自信」的表現，這樣自然會影響到對你的待遇和評價。如果在自己的工作經歷中，當新老闆對著你的成果由衷地感到吃驚時，心中湧上的感覺應該不光是高興，而是還要明白，這次他給你的工資低了。

　　「天朝人」的到來，給這個小地方帶來了前所未有的繁榮，包括房地產熱。當地人提供食宿等服務，華工們用帶來的一些貨物或銀子來支付。不少的小窩棚被推倒，重新建成了堅固結實的旅館、銀行等。同時也帶來了不少的麻煩，譬如新的傳染病、鴉片和賭博。歐洲人在探索澳洲之初，曾經把他們的傳染病帶給了原住民，造成沒有相應免疫力的原住民口劇減，據估計，在現在雪梨附近的原住民 90% 染病死亡，所幸華工帶來的傳染病威力沒那麼強大。從介紹上看，只提到一名當地人染病死亡。有一段時間，曾經有大約四千

華工同時停留在這個小鎮周圍。

第一批華工登陸後，對他們所面臨的 440 公里旅途知之甚少，只能完全依靠當地人作嚮導，沿著到內陸牧場運牲畜或毛皮的牛車小路前行。嚮導的酬勞多少不等，一百到三百人組團前往，帶路費大致在 50 英鎊。在那時的紛亂中，有個別的嚮導拿了錢偷偷跑掉，把孤立無援的華工們扔在了荒郊野地，更差的甚至搶劫和殺害華工。老老實實把人送到金礦區的嚮導也不見得好過，因為那裡的礦工不喜歡華工，帶路的當地嚮導也有可能跟著倒楣。再後來，一隊隊的華工們逐漸在走過的小路上做上了路標，挖出水井，後來的人走起來才相對容易了些。但願有人把這條小道，開闢成澳洲深度遊的線路，讓後來人體會一下先人的掙扎、奮鬥和堅韌。

在 William Moodie 寫的一本書裡，描述了他與華工在旅途中相遇的情景。華工們一個跟著一個，每人挑著一個擔子，擔子挑的是淘金工具、鋪蓋、油燈、炊具等生活用品，整個隊伍斷斷續續，綿延了二十到三十英里。他們每天走三十五公里左右，途中需要不時的停留兩三天，以便休息，補充食物和水，躲避盤查等。這樣整個行程，一般需要花三到五個星期的時間。他們穿的是藍色上衣，肥大的藍色褲子，梳著馬尾辮的頭上戴著草帽。配合著步伐，每個挑擔子的人都不停地發出一種號子的聲音，其中喊得最多的是一個金礦區的地名：巴拉蘭特，那裡有他們的希望。佇列中甚至有些十來歲的孩子，這個旅程其實是很艱辛的。《西遊記》裡描述的十萬八千里，雖然是道路坎坷，但唐僧走得名正言

順，頂著「大唐御弟」的頭銜，加上上天入地的神仙保駕。華工們走的這種路程，既要克服自然的障礙，又要躲避維多利亞殖民區官方的盤查和搜捕，據說有不少人死在途中。這種艱難，和玄奘法師真實的旅程應該有不少相似之處。

具體有多少人實現了淘金夢不得而知，到達維多利亞金礦區的華工，大約在 62990 人，估計有 48000 人後來返回了中國。其他的人，或者是死亡，或遭到了殺害，或者在澳洲定居了下來。曾經到奈德 · 凱利家討水的那個華人，有可能就是他們中的一員。

想成神仙首先要有常識

我曾經做為旅遊者，沿著大致的路線走過，沿途景物可以說是司空見慣。坐在空調車裡，駛過幾百公里的路程也沒覺得時間太長。殊不知，不算太久遠的一百多年前，穿著娘親妻子縫製的藍布衣服，挑著擔子的華工們，正是沿著這條路向前跋涉。若當時瞭解了這背後的歷史，我決不會感到平淡無奇的。

同樣，在擁有這個農場之前，也曾經讀過奈德 · 凱利的故事，但也只是把他做為一個遙遠的傳說。現在，當腳踏實地地站在一塊據說是他曾經站過的土地上時，距離感隨著變得淡化了。開始時看這塊土地，看到的就像一幅美麗的平面畫，通過探究他的故事，當時的背景和他可能逃竄的路徑，得到的就像是一幅幅立體的畫集。它讓你在看到現在的同時，能聯想到過去的場景；在看到花草樹木時，多少開始

試著體會一些曾經在這裡生活過的人所有過的感覺。現在那火燒雷劈後屹立不倒的樹樁，在它們枝繁葉茂時，說不定受到哪些走過它們身旁的人的注目。你也許就能比較容易理解，為什麼會有那麼多人，為一個殺員警、搶銀行的奈德・凱利請願。為什麼現在一個人說奈德・凱利是被員警謀殺的，而下一個人會直接地說他是個壞蛋了。這就是對澳洲文化的一種瞭解吧！儘管這只能算文化的一小部分。

幾乎所有的新移民，特別是成年移民，都在融入當地文化，有這樣、那樣的問題或困惑。其中的一個原因，就可能是缺乏方方面面的類似聯想和感覺。經常會有聽得懂語言，但聽不出意思，或者知其然，而不知其所以然的情況出現。簡單地說，就是缺乏常識。常識多了，你就能比較容易把握，在合適的場合，做出符合周圍人預期的反應，猜度到與你談話的人的一些想法，打起交道來也就感到順暢了。奈德・凱利和華工的經歷，只是當地文化中的兩個很小片段。這是買農場給我帶來的額外收穫，我管它叫「土地的文化附加值」，有很多這樣的片段需要新移民去瞭解和體會。

與周圍環境沒什麼區別的山地，種了生機勃勃的花草果樹，這塊地看起來就活了。同一片山嶺，與歷史和傳奇有淵源，那就傳神了。人有幸與這種山為伴，寫出來的一個字就是「仙」。此後侍弄農場時，若能發現奈德・凱利在此活動的證據，可能就會體會到什麼叫「活神仙」了。有了這個動力，往地裡跑的頻率會更高，翻地會翻得更深，想不開心的事的時間會更少。

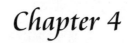

Chapter 4

第四章
是地主還是土地管理員？

第四章 是地主還是土地管理員？

剛買農場後，向幾個關係比較密切的朋友通報了一聲。除了一個朋友說的是「願你走運」外，幾乎無一例外地會聽到：「祝賀你成了地主。」其實在澳洲當「地主」是一件既能帶來權利，也會帶來責任的差事。不少「地主」認為現在的權利越來越少，而責任越來越大，從真實的意義上講，「地主」已經淪落成為這個國家的沒工資的「土地管理員」了。

簡單地說，澳大利亞的土地產權兩種形式：一種是自由保有的地產權，即為永久業權，主要有三類：即無限制的單純地產權、限制繼承的地產權和終身地產權。

另一種是租用保有地產權，也稱為租業權；它是有一定期限的地產權，大部分依協議而產生，通過合同或協定確定土地權利和內容。而且在租賃期內，確定的土地權利和內容不能隨意更改，自由保有權人不能隨意干涉。

我買的這個農場的產權，屬於永久業權中的無限制的單純地產權。從字面上看起來，這種產權似乎賦予了「地主」在這塊土地上絕對的權力，其實事實並不是這樣。

在買農場之前，我就瞭解澳大利亞的土地所有權和礦業權是分離的。甚至在礦業權中，還有進一步的權益劃分，譬如固體礦物礦業權和石油天然氣礦業權可以是重疊的。也就是說，在你的農場裡發現了金礦，這個金礦不會自然而然的

屬於你這個「地主」。假如你找金卻發現了石油，石油的權益也不見得就歸金礦主。如果地主想兼職當礦主，你需要和別人一樣按照「先來後到」的規矩到政府去申請金礦或石油的礦業權。如果你的這塊土地上已經存在著別人的礦業權，那你就只能等到別人的礦業權到期後，再去試試能不能搶到手。

這和美國的土地產權是不同的。據說美國有全世界最自由的土地制度，土地所有權分為地下權（包括地下資源開採權）、地面權和地上空間權（包括建築物大小、形狀等），這三部分權益可以分別轉讓，即美國的土地所有人同時擁有地下資源的所有權，政府無權任意徵用與拆遷。澳大利亞這種土地所有權和礦業權不同的歸屬，對「地主」們來說，不少時候是個麻煩，不時會有反對礦業開發的情況出現。譬如澳洲煤層氣的開發中農民，和油氣公司之間的纏鬥。在澳洲買地，發現地裡有金礦、有石油時，先別高興得太早，要確認是否有礦業權的問題。

理想很豐滿，現實很骨感

買了農場之後，開始滿懷信心地準備在農場裡修路、整地、建牛棚羊圈。當時的願景，是把東面幾個山間谷地改造成良田菜地。多少年積累沉澱下來的腐殖質，使幾條面積不大的山間谷地裡的土壤變得黑油油的，就像中國東北關外的黑土地。在那黑黑的沃土上實現果菜，葉菜和根莖類菜的輪作。也就是說，在同一塊地上按照一定年限輪換栽培幾種性

質不同的蔬菜，這樣能合理利用土壤肥力，把用地和養地結合起來。能免除或減輕病蟲害的危害，譬如說胡蘿蔔和大蒜的根系能抑制馬鈴薯晚疫病，小麥根系的分泌物可以抑制茅草生長。合理輪作還能破壞一些寄生蟲的食物鏈等。在同一塊地裡，第一季可以種茄子、黃瓜、番茄等；第二季換成白菜、菜花、小青菜；第三年季胡蘿蔔、大蔥、地瓜；另外，收完菜後，再撒上麥子、黃豆。收的黃豆做豆腐，收的麥子和做豆腐的豆渣餵雞鴨，麥秸豆杆還田，菜地周圍的山坡上種上核桃和其它耐旱的樹種。之所以特別提到種核桃，是因為它相對耐旱，據說牛羊不啃核桃樹的樹皮。另外一個大優點，就是一般不用害怕鳥來禍害。這樣的耕作區土地面積，能湊上個幾百畝。

要是再靠近耕作區的高地上建起雞鴨鵝舍和牛棚羊圈，接上雨水箱，挖上小水壩。動物們平常主要待在西半部分吃草、積肥，該生蛋的生蛋，該長肉的長肉。所積的肥料，需要時居高臨下地往地裡一運，省工省力加上省下買肥料的錢。地裡的作物收穫後，把它們往地裡一趕，幫著除草滅蟲。如果再有幾頭家豬到處亂拱，連翻地的工夫都能省了。農場裡現有的道路修得比較簡陋，四輪驅動車輛和拖拉機可以行駛，家用轎車只能在一些坡緩路平的地段開開。在這種路上，想把雞蛋鮮菜運出來可是有點難。於是在實地和圖上不停地琢磨怎麼修路，等路修好後，幹活、賞景都方便。

當下站在高處，心裡想著小農經濟的願景，望著東邊緩坡谷底，西邊稀疏高大的桉樹，頭頂的豔陽天，嗓子發癢，

唱出來的，是鳳凰傳奇的那首「月亮之上」：

> 我在仰望 月亮之上
>
> 有多少夢想在自由的飛翔
>
> ………
>
> 誰在呼喚 情深意長
>
> 讓我的渴望象白雲在飄蕩
>
> 東邊牧馬 西邊放羊
>
> ……

　　正所謂理想很豐滿，現實很骨感。待到翻開市政規定一看，才知道條條框框滿多，真是能越俎代庖的地方，都以各種冠冕堂皇的理由替你這個「地主」 做了規定；多數地方看到的，是這也不准，那也不行。這時腦子裡不由得開始回蕩起王志文、戴嬈的那首「想說愛你不容易」：

> ……
>
> 想說愛你並不是很容易的事
>
> 那需要太多的勇氣
>
> 想說忘記你也不是很容易的事
>
> 我只有矗立在風中想你
>
> ……

我家的後院就
是這荒草高坡

　　首先，從現在以放牧為主，變成種植為主，屬於「改變土地的用途」，單憑這一條就需要申請批准。其它要求的事項還有：

1. 挖土或填坑的深度不能超過 1.5 米。

2. 搭工棚建窩鋪的面積不能超過 15 平方米。

3. 建築材料不能是反光型的，顏色要與周圍其它建築或自然環境協調，譬如褐色，綠色和灰色。

4. 一個土地權證的範圍內，只能建一處居住用房。

　　面對著厚厚的一摞這也不行，那也不許，實在是看得頭疼。這是想起了一句辦事的名言：「規定是死的，人是活

的」。與其自己在家裡鑽進這些規定裡，看得滿眼都是問題，不如直接和「現管」們打交道，於是就給阿德萊德山區市政部門發了個電子郵件。過了三個星期，收到了答覆。其中說這個農場位於鼓勵種植業發展的區域內，但需要申請才能開荒和搞建設。這個申請要包括：

1. 種植區域和建築物的準確位置圖。

2. 詳細解釋如何運營，像種什麼，怎麼種和收，雇幾個人，工作時間，用什麼方式噴什麼藥，怎樣避免噴的藥不飄到鄰居的地裡和公路上，如何灌溉，道路設計等。

3. 種的東西，距離溪流河道或鄰居的地不能少於 5 米，離住宅不少於 10 米。

4. 固定建築物需要有正規的設計方案。

最後告訴我，這個申請需要徵詢鄰居的意見。

按照要求把申請報告一五一十地準備好後，和計畫部的人員約了個時間見面。他一邊看，一邊問。當發現我沒有提棚舍的建築時，問我是什麼原因。

我回答說：「不準備建一個大面積的，現在打算建幾個小的，每個都會小於 15 平方米，所以不必申報。」

他立刻警覺地從報告上收回眼光問道：「你打算建幾個？」

我半開玩笑地回答：「能建幾個就建幾個，反正你們只限制面積，沒限制個數。」

他眨眨眼，沒再說什麼。估計回去後，他要把規定裡的這個漏洞給想法子補上了。希望他能按照正常的政府辦事速度來補漏洞，以便我有足夠的時間先從洞裡鑽過去再說。看完後，跟我說需要的資訊基本夠了。剩下的就是填好申請表，附上支票，連同報告交上來，由他們開始評估。需要進一步說明的，再和我要材料。還好，雖然管的好像寬了些，有損我這個「地主」的所有權尊嚴，但好在需要在這裡「蓋的章」，一個就夠了。

該在地方政府辦的事暫告一段落的同時，是要向州政府申請同意，清理地面植被。這個主管部門是「環境、水和自然資源部」。打開檔一看，又是一大堆死死的法律規定。除非具備免除申請的條件，所有清除原生植被的行動，都要在得到批准後才能實施。這裡的原生植物是指：所有自然長成的原有植物，從地面的苔蘚、小草、一直到大樹，包括這些植物的一部分，譬如樹枝。2004 年，這個定義又延伸到有些已經死亡的樹。理由是這些死了的樹，可能是瀕危動物的棲息地和庇護所。真是這裡的地主死了，不能埋在自家的地裡，樹死了，反而必須待在原地。

幸好法律上規定了一些近人情的免責條件，否則，在自己買的地裡舉手抬足都可能觸犯法律，更別說「地主」的自豪感了。乾脆把買的地供起來算了！這些免責條件包括：

1. 建設經過批准的水壩。如果植物的存在影響到水壩的安全性，可以適當做些砍伐和清理。

2. 為了修理或建造自家的圍欄，可以砍樹徑小於 20 厘米的天然樹。但砍後的樹椿，要讓它繼續自然生長。這個優惠條件，只有對 25 年來一直這麼做的農牧場才適用。這似乎是在說：你必須有「前科」才能在今後有不受法律約束的資格。不管是疑惑還是可樂，我以後可以砍自家的樹來做圍欄的椿子了，而不必要花錢去買從別的地方砍來的樹。這條規定另一個有意思的地方，是讓你想違法也不好違法。就像故事裡講的一個無家可歸的窮漢，想犯個法，到監獄裡去躲過冬天，可員警就是不抓他一樣。這麼說的原因是：做圍欄的木椿一般需要兩米長，以我這個不算弱的體力，要想把這麼長的粗桉樹椿挪進坑裡，豎起來，是需要冒扭傷腰的風險的。而相同長度和直徑的松木椿可就輕多了。按澳洲人「拈輕怕重」的聰明勁，很少有人願出這個傻力去砍樹徑大於 20 厘米的樹，更不要說還有扭傷加違法的雙重風險。

3. 為了維護圍欄，在別無選擇的情況下，可以沿圍欄清理出 5 米寬的通行帶。在一般情況下，這基本上是廢話。如果有別的辦法，誰會去下那個傻力？

4. 為了修路，在別無選擇的情況下，可以清理出 5 米寬的通行帶。除非政府的人較真，這差不多也是靠自覺的廢話。

5. 在種植和放牧用地中，自然生長的，樹齡小於五年，樹徑小於 15 厘米的樹，不受法律保護。簡單地講，就是「尊老不愛幼」。

6. 原生物種之間發生衝突時，你可以採取以戰止戰的辦法，控制過分強勢的物種。出現恃強凌弱的情況，人要見義勇為，這個規定好理解些。

　　定義地這麼寬，規定地那麼細，結果就會出現違法特別容易，執法的管不過來。漏網之魚如果太多，慢慢地這個網就變成了擺設。若違法必究，有家有業的「地主」們也會「造反」。有次我向一個朋友抱怨這些規定時，他就眨眨眼說：「現在沒幾個人為在自己農場砍棵樹去打報告。」普天之下，人同此心，情同此理，各地的人和動物一樣，都有見空子就鑽的本性，只是付諸行動的動力大小不同而已。

　　不同文化的相通之處，在這個法律條文裡也體現了出來。《孫子兵法》中有「圍師必闕，窮寇勿追」，意思就是指閃開一面，不要把敵人搞的太過分而拼死抵抗。在這裡，如果你不符合任何一條規定，但仍要砍樹除草，那就對你網開一面。辦法是你可以清理這邊的地，但需要在另一邊相應地補種。如果你沒有地補種，那就再讓你一步，你向州裡繳錢，由別的「地主」志願者在他的地裡補種。到了這一步，也算是仁至義盡了。這時候問心懷不滿的地主們是不是還想違法，估計很多人會咂咂嘴說：「不想了。」民事法是為人的和諧方便服務的，公道自在人心，相信人心向善，沒幾個人誠心想去違法。在容易出現不小心違法的地方，條條稍寬點，反之就量力而行地稍嚴點。如果法律成了給多數人製造麻煩的工具，這個工具反過來也會給執法的人添麻煩，就像牛頓定律作用力等於反作用力一樣。從技術的角度講，這個

法律就該改改了。這是一個法律外行人無的放矢的題外話。

在做了必要的功課後，給環境部發了個初步詢問的電子郵件。沒過幾天就收到了回覆，告訴我，從衛星圖片上能看到我要清理的地塊屬於牧區。這個區生長著樹木和灌木，需要提交申請。提交申請的內容和步驟是這樣的：

1. 填表並附上報告。報告內容要包括影響到的物種、補償種植的計畫，和實施辦法。報告可以由「環境、水和自然資源部」的人員編寫，這樣不花錢，但等四個月才能拿到報告。另一個快的辦法，是自己找有資格的專業人員寫，但要花錢。這有些像澳洲的公立和私立醫療的情形。

2. 附上有關地塊的衛星圖片。

3. 附上申請費，大約 529 澳元。另外圖件費用要 100 澳元。

4. 收到報告後，對要清理物種本身，和它們對其它物種的重要性進行評估。然後決定是否批准你的申請。如果涉及砍伐健康的大樹或帶樹洞的樹，批准的難度就大了。解決的方法，就是像上面說的，承諾在別的地方種更多同樣的樹種，或者向原生物種基金繳錢。

5. 在決定批准申請之前，有一個公示的程式要走。

從實地看，我要開墾的谷地和山坡上，是有幾棵我沒打算動的孤零大樹，外加幾十畝地面積大小的灌木叢。這種灌木四季常青，木質杆上長滿針狀葉，開有黃色的小花，長得很是旺盛。申請麻煩，申請批准後還要花錢加上更多的麻

煩。趕上當時果園裡的活一件接著一件來，開荒的事就暫時
放下了。心想，別眼大肚子小，想一口吃成個胖子了，先顧
眼前的再說吧！

　　一天，正在果園裡忙乎，一家鄰居兩口子來串門打招
呼。寒暄介紹了一番之後，話題扯了開來。聽出我對我們一
個共同的鄰居的處事有些不理解後，他們就開始大訴苦水，
說起了那個鄰居的種種不是。像他的侄子週末騎著摩托車來
練射擊：「聽起來像在開炮。」最後他們報了警。還有就是
要求他們把靠近邊界的那種常青黃花灌木清理掉。澳洲人表
面上好像是一般不嚼舌頭，但在需要的時候，東家長，西家
短，照嚼不誤。文化差異是有，人的共性相通的東西也不少。
這時我想起來原生植物的規定，提醒他們清理這些灌木需要
批准才行。沒想到他們說：這是一種有害的外來植物，原來
是由英國引種過來做籬笆的，後來到處蔓延成了害，「地主」
有責任控制它們的生長。這又是一個澳洲典型的生態故事。

　　帶著半信半疑的心情，在網上查了一下。這種植物叫荊
豆（Gorse），1 月 10 日生日花，花語是豐饒（Fertility），
是聖威里亞姆之花。受到荊豆花祝福而生的人，感情豐富、
表情豐富、外表也豐富，並帶給周圍的人快樂。由於充滿母
愛，女人結婚後會受丈夫和子女的戀慕，有幸福美滿的家庭
生活。荊豆花屬於豆科，普遍生長在整個西歐，在不少地方
都可以見到它金色的繁茂蹤跡。一般的植物只在特定的季節
裡開花，可是荊豆花卻一年到頭都能盛開著金黃色的花朵。

　　在網上看到江南遊子的一篇遊記，叫〈感受紐西蘭的

美〉。其中有一張照片，題記是「奧奧馬魯，面朝大海，春暖花開」，照片上的滿坡黃花看起來就是荊豆花。看來這種外來花也已經在享受著紐西蘭的美了，並且受到了不知情的外來旅行者的錯愛。

　　荊豆能在這裡氾濫，得益於它的根系發達，種子生命力強，針狀葉耐旱，不怕曬。阿德萊德這裡屬於地中海氣候，夏天最高氣溫能超過 40 攝氏度。荊豆在這種環境中，如魚得水。另外荊豆還有一個同當地其它物種競爭的怪招，那就是第三十七計：「引火焚身」。有一個研究顯示，它的葉子裡含油，很容易被點著，燒過後萌發能力更強。由它引來的大火過後，別的植物還在艱難的恢復之時，它已經趁火打劫般的擴大了地盤；它們的種子也可以再蟄伏二十年。在這種快意江湖中，它不知不覺把自己發展成了人們眼中一害。清除荊豆不但不需要批准，而是「地主」們的責任。清除的辦法，少的，動手挖；多的，有噴除草劑的，有用推土機推的，有火攻的。工作量可以是很巨大的，工作性質是持久戰式的。

　　看著茁壯的荊豆，不禁讓人心生感慨。荊豆和其它植物一樣，本來不存在什麼有害無害之分。天生萬物，物競天擇，再正常不過。荊豆的旺盛，說明了它能以更高的效率，將光水和養分，轉換成人能比較容易利用的能量。若從順天行事的道理來講，人本應在怎樣充分利用荊豆這種資源上下功夫，而少在剷除它們上下力氣才對。

　　由此聯想到，多少年來華人在海外受到的排斥，甚至迫

害。華人多少年養成的吃苦耐勞，勤儉持家的習慣，到了一些地方，反而成了當地人不能容忍的東西。這也難怪，像從前的英國礦工，當天領了工錢，給老婆留下一家的吃喝錢，轉身到酒館裡把剩下的都花在酒上。若這種事情發生在華人社會，這家的聲譽估計不會高。華人會儘量掙錢，多多存錢。現在的澳洲，華人的存款在家庭收入中應該屬於比例挺高的。即使有了一定的家底之後，華人對加班費仍會有偏好。這種希望把能掙到的錢都掙到的衝動，無疑會對當地人原有的生活帶來影響。華人受到主流群體的提防和排除也就不難理解了。

這樣聯想可能有些不恭，但幸好我自己就是個第一代華人移民，這起碼說明沒有攻擊和貶低華人的意思。另外，我也不認為主流群體的這種排斥能算作是歧視。歧視指的是以高視下的情形，但華人時時處處在力爭上游，所以這種排斥中，更多的應該是對方的擔憂，或者是「道不同，不相與謀」的因素造成的。這也提醒華人，在一個新地方，要多入鄉隨俗才能更容易融入社會。對更好生活的不斷追求，和未來不確定性的擔憂，讓很多人不願成為「日光族」或「月光族」；但對骨子裡就有精打細算素質的海外華人來說，少些焦慮，多些放鬆和享受，對提高生活品質還是有幫助的。

言歸正傳，正應了那句「山不轉水轉，水不轉人轉」。現在，是「人不轉事轉」。清理申請的事正在舉棋不定時，擔心的問題已經不存在了。有些事情急火火地去幹，效果不見得好。拿不定主意的時候，不妨試試冷處理的方法。可從

另一方面講，這種情況叫做：按下葫蘆起來瓢，舊的問題解決了，新的問題出現了。清除荊豆的責任，已經靜靜地懸在了我的頭頂上。

不斷擴展地盤的荊豆，美麗的煩人。

讓我和鄰居認識的「牛仲介」

　　和鄰居們的廣泛交流，還是由幾頭牛引起來的。這種交流，關乎的是你對鄰居們的責任。原來在城裡的住處有五、六家鄰居，到了農場，周圍圍著十一家鄰居，這還不算馬路對面的三家。

　　早熟的嘎拉蘋果快要下樹的一天，突然接到了西北角一家從沒見過面的鄰居打來的電話。簡單的自我介紹後，急急

地告訴我：「你的一頭公牛，帶著幾個女朋友闖進我家吃蘋果了。」

在我的農場裡的確有人租了一部分地養牛，他養的都是黑色的安格斯母牛和它們的小牛，沒聽說還有公牛在裡面。急忙趕到她家一看，果然一頭高大的棕色公牛正在請三頭黑色母牛圍著蘋果樹聚餐。這可是我第一次一個人趕牛。她家地上的草能沒到大腿，裡面有蛇也看不見。沒別的辦法，只有硬著頭皮上了。牛們看見我在逼近，就盯著看。剛開始靠得離牛太近，一趕就四散而去。幾次之後，掌握了一個合適的距離。往前趕時，走在牛後面它們的視覺盲區裡，用聲音催促。想向右邊趕，就站到左後方讓它們看得見的位置。左拐右拐，推手推車似的，終於把它們趕到了一個兩家邊界上的圍欄大門附近。打開門後，連扔石頭帶吆喝，三頭母牛順著圍欄走到了門邊，一邊哞哞叫著，一邊回到了我的農場內。剩下的那頭又高又大的公牛，一副拿不定主意的架勢。在我的催促下，沿著圍欄走上來，走下去，幾次接近了門邊，可就是沒摸上門。聽到母牛的叫聲，顯得更是著急，最後在離門不到兩米的地方，縱身跳過了圍欄，把圍欄上的鐵蒺藜網都蹦斷了，氣得我直罵它笨蛋。

關好圍欄門，打電話告訴鄰居和牛主人。牛主人一聽我說他的母牛和一頭棕色大公牛在一起，立刻緊張起來，不一會就趕來了。我跟他說，牛都趕回去了。他說不是為這個緊張，那頭公牛的品種叫利木贊，體型比他的安格斯母牛大。如果母牛受孕，將來容易出現難產，有可能母牛、小牛都保

不住。接著一邊問看到母牛耳牌上的號碼是多少沒有，一邊解釋牛喜歡蘋果，一旦知道了那裡有，會千方百計地再回去吃。所以要把這幾頭母牛和它們的小牛送到別的地方去。

正如牛主人所料，以後的幾天，連續接到這家鄰居的報警電話。有幾頭牛不是從圍欄上跳過去，就是把頭伸到圍欄下面把圍欄拱起來，一次次闖過去，把鄰居家的蘋果糟蹋得不輕。牛主人多次加固圍欄，直到加裝了太陽能電網才算解決了問題，也搞清了利木贊公牛是東南角鄰居家的。這個問題是解決了，一來而去和這兩家鄰居也熟悉了。但暴露出與兩邊鄰居之間的圍欄必須要修了。

在澳大利亞，鄰居之間的圍欄或圍牆是雙方的共同財產，圍欄和圍欄附近放的東西，種的樹等，也是最容易引起鄰里糾紛的地方。

譬如越界樹枝的問題。高度在兩米以上的樹都要在得到批准的情況下才能砍伐。若是鄰居家的樹伸到了你這邊，你可以要求主人砍掉伸過來的樹枝。若沒有結果，可以向政府再申請，並在征得鄰居同意的情況下，你可以開始砍掉越界的樹枝。如果鄰居的樹木損壞了你的物業，像樹根拱起你的車道，或者樹枝倒在屋頂，砸倒了圍欄，可以起訴。不少人表面上看起來笑容可掬，彬彬有禮，背地裡卻可能給鄰居來陰的。這種人在哪都有，包括澳洲。我聽說過的有鄰居看你不在家，翻牆過來把你種的好好的樹砍了的；有向你的樹噴除草劑的；還有砍了伸到他那邊的樹枝向你收工錢的。以前看到「掩耳盜鈴」的故事，總覺得哪會有人利慾薰心到那麼

傻的程度。在看著衝你當面像沒事人似的，偷偷翻牆砍你樹的鄰居時，相信你會感到這個成語沒准真不是杜撰出來的。

遇到這種鄰居，要注意找法律方面的依據，保護自己的權利。一味忍讓，有可能助長一些人的惡習，像害草一樣不斷蔓延。在這裡有些人的腦筋好像是兩根筋的，一根筋是他自己，另一根筋是他周圍的人。只要這另一根筋不和他自己那根筋較勁，他就認為周圍的人接受他的行為，從而一根筋地按自己的想法任意行事。對這種人，該說「不」時要堅決明確地告訴他。假如不能因時、因事、因人制宜，一味地按照對待大多數人的做法那樣，以含含糊糊的方式，謙謙君子的態度應對，那就說明你在融入這個社會方面尚欠不少火候。千人千面，澳洲的古道熱腸和自私狹隘，就像我的農場裡的果樹和害蟲雜草一樣，相生相伴，相依相聯。

澳洲的圍欄法，對很多人來說遲早都會用到。它對圍欄的標準、鄰里的責任、行事的步驟，有比較詳細而且實用的規定。如果兩邊的鄰居都同意修建圍欄，雙方可以簽訂個簡單的標準合同，明確怎麼修建，費用怎麼分擔。如果有一方要幹這事，他應該書面通知鄰居。若有異議，鄰居應在三十天內書面答覆。然後就是在三十天內協商或修改後再書面通知。最後或者是對方同意，或者是由法庭決定能不能修建。兩家中誰的程式沒走到位，都可能擔責、掏錢。一旦有一方開始修建，若中間停工超過二十八天，另一方有權把活接過去幹完，再去要該要的錢。這是一個很接地氣的法律，明瞭實用，把一些最容易發生的糾紛，在萌芽狀態就解決掉。

　　農場裡的圍欄，情況相對複雜些。我買的農場，原來的主人養羊，對圍欄的要求比養牛的要低些。從周圍幾個養牛的鄰居言談話語中，原來的主人把修理維護圍欄的責任，基本都推給了鄰居。理由估計就是養羊不需要太堅固的圍欄，羊也沒多大勁去破壞圍欄，因此現有的圍欄對他來說已經足夠好了。若是別人想要更好的，對不起，自己掏錢吧！幾個養牛的鄰居應該是有苦難言。

　　最初看農場時，沒太在意圍欄的情況。看到邊界清楚，圍欄立在那，就沒再深究。覺得即使有問題，幾根椿子掛上鐵絲，也不難處理。還是太沒經驗了，這是一個不小的錯誤。接手後第一次巡視圍欄，邊走邊把鬆下來的鐵絲網、鐵絲，簡單地固定一下，一圈走下來就花了六個小時。更不要說固定一些東倒西歪的椿子了。原來這裡能圈得住羊，那是因為這裡的草多羊少，能養兩百五十隻羊的地方，只有一百多隻。只有鄰居的牲畜往這裡跳，沒有這裡的羊向外跳；原來的主人，可以理直氣壯地要求鄰居管好他們的牲畜。

　　先找了幾個專門為農場做圍欄的個人和小公司打聽了一下。用鐵絲網加鐵蒺藜建的價格在 12 至 15 澳元一米，另外拆除舊圍欄另算，地形複雜的地方要加價。三四千米的圍欄做下來，一輛四驅越野車的錢就進去了。一擺擺錢擺在一起很引人注目，圍著一千畝地撒一圈可就不顯眼了。

　　另一個辦法是自己動手。買的拖拉機附帶了挖坑鑽頭。為了應付障礙物多，地形陡的地方，又買了台汽油機驅動的

手提挖坑機。接下來琢磨怎麼把兩百米一卷的鐵絲網，和四、五百米一卷的鐵蒺藜拉直、固定，這不是人的力氣可以做到的。不起眼的圍欄看起來不難做，但第一次動手時，要解決的小難題真不少。儘管上網看了修圍欄的影像介紹，真到幹起來，還是心裡沒底。真是難者不會，會者才不難。

正在這有些難以下手的時候，東南角，有利木贊公牛的鄰居找了來；他建議兩家合力，把我們之間的一段圍欄整修好。我問他是否雇專業工人來修，他的回答是一種在澳洲比較常見方式：「好啊！請人修，活幹得好看，還不耽誤我們的時間，是個值得考慮的辦法。不過，現在的價錢太高了點，幾年前一般是工一半，料一半。現在工占了三分之二。再說什麼時間開始不好定，還有他們幹活圖快，修得不結實。咱們自己幹最好，咱們自己幹最好……。」

聽話聽聲，鑼鼓聽音，在這種滿口同意你意見的太極式回答裡，你會明白他想少花錢，多辦事。要說有文化差異，這算得上是在日常生活中常不常會遇到的一種。譬如，你提了個建議，對方會點頭微笑道：「好主意。」或者是：「挺有意思！」之類的。在這種情形下，即使是對方顯得滿臉真誠，只要沒有和你繼續順著討論下去，那就是不同意你的建議。笑笑眯眯，客客氣氣之中，堅持了他自己的主意。

其實我在心裡也有自己的小九九。有個笑話，講的是一個新手想到山裡獵熊，去之前先找了一個老獵人請教。

老獵人說：「你先到山上找到一個大洞，然後衝裡面大

喊一聲，如果聽到裡面吼叫，就朝裡面開槍就行了。」

過了幾天老獵人看到新手滿身是傷，斷腿斷手的，不禁非常吃驚，問他：「前兩天不是去獵熊，這是怎麼了？」新手歎道，上山後他按照老獵人教的，找到了一個大洞，大喊一聲之後，也聽到裡面的吼叫聲，可就在他開槍的時候，沒想到裡面衝出來一列火車。

雖然是個笑話，但照葫蘆畫瓢，並不總是省勁和安全的辦法。圍欄要不斷地修理和維護，知道怎樣幹這個活，以後會很方便。「藝多不壓身」，這個本事值得學。放著送上門的老師，不學白不學。

正事說完後，我問他那頭利木贊公牛怎麼處理的。他說已經賣了。然後解釋說，公牛一旦發現這邊的母牛有發情的，就會認上路，不斷地過來，留著是個麻煩。我把那天看到公牛笨得找不到門的事告訴他，安慰他說賣得好，不然他以後會養一窩傻牛。他哈哈大笑道：「事實上，那是頭不錯的種牛，配種成功率高，生出來的小牛長得快。」言談中，頗有惋惜之意。

這大概就是家養牲畜的宿命。他們的數量隨著人類的需求在不斷擴大，但人類需要的是那些肌肉發達，頭腦簡單的種類。越是聰明的，被淘汰的越快。聰明動物要想把自己的基因延續下去，出路大概只有兩條：一是變成野生的，自己去外面，有多大本事，使多大本事；或者是像人類鄭板橋的「難得糊塗」，把自己偽裝起來。

耗時費力修圍欄

邊學邊幹，從備料開始。瞭解用什麼樣的材料，哪家的價錢合適之類的事，對第一次幹的人都是耗時費力的事情。有了鄰居這個明白人引路，大大小小的材料零件一次買齊，免了不少往復奔波，能在不知不覺中少走不少彎路。賣材料的人也會看人下菜碟，看著鄰居一副典型農民的樣子，痛痛快快地在價錢上再給個折扣，希望拉個長期客戶。假如第一次由我來出面，憑著一副亞洲面孔，帶口音的英語，從頭到腳看起來連個業餘農民都不像，想講下價錢來不太容易。有了鄰居講價的基礎，再次去買材料時，把原有的發票給他們一看，順嘴再問一句：「能不能折扣再大點？」交道打起來就順多了。

養羊用的圍欄，和養牛用的要求是不同的。原有的主人養羊，圍欄有些地方高度在一米左右，在最高處和最低處分別掛著細細的 1.57 毫米的鐵蒺藜，中間是更細的鐵絲網，外加一兩條普通鐵絲加固。不少地方的樁子東倒西歪的，上上下下有不少大洞，應該是袋鼠鑽出來的。從材料上看，最老的估計是第二次世界大戰時的產品，快能像柏林牆的水泥塊似的拿去做紀念品了。

養牛的圍欄要高些、堅固些。若單用鐵蒺藜拉的，一般需要七道。最下面的一道離地面 10 厘米。這個距離，動物們想伸進嘴把鐵蒺藜挑起來不容易做到。鐵蒺藜與地面保持距離，可以防止受潮生鏽。然後向上，是四道 15 厘米間隔

的鐵蒺藜。應付的是體型小些的動物，像羊。只要牠們的頭伸不過去，就沒法用力推揉圍欄。最上面的兩道間隔 20 厘米。在這個高度，牛頭難以伸過去。另外一種圍欄算是鐵蒺藜與鐵絲網的混搭。90 厘米高的粗鐵絲網，最下端加用一道鐵蒺藜，離地面 10 厘米，鐵絲網上端加佈一道鐵蒺藜，這兩道鐵蒺藜同時對鐵絲網有加固作用。然後在 1.2 米高度，架設最上端的鐵蒺藜。當然，這種高度，對小袋鼠有一定的攔擋作用，但對大袋鼠來說，它們用不著助跑就能一蹦而過。

圍欄的椿子有用樹椿的，像經化學處理過的防腐松木椿。其優點是輕便，便宜，缺點是挖坑和填坑費勁，遇上山火容易著。還有用鐵質的 Y 型圍欄椿，它可以用專門的手工吊錘砸進地裡。省事，但看起來顯得單薄些。專業工人一般將兩種椿子結合起來用。兩根松木椿間隔 10 米，中間夾上三根 Y 型椿。椿子長度 1.8 米左右，三分之一在地面之下；差不多與數學上的 0.62 黃金分割點不謀而合。

雖然看來簡單，聽起來容易，但這是經過多年實踐，探索出來的多快好省的法子。別看不起一些簡單的工作，每樣工作都存在大大小小的環節，有幾個環節處理不好，就可能把你引入歧途。虛心學習，細心留意，注重細節，收穫的就是事半功倍的效果。

先動手修的部分，就是利木贊公牛跨越障礙會女友的那一段。牽扯到的圍欄大約有三百米長，包括一道門。鄰居之

間圍欄上留門的目的，是為了以後又有牲畜越界時，容易趕回來。不然就要繞幾公里的路，用車去拉。要幹的活不是太多，攤子鋪的可不馬虎。共有兩輛拖拉機，配有鏟斗、打樁機和打孔機，一輛皮卡車，一輛手推車，外加油鋸、電鑽、發電機，和半車各種有用沒用的工具。材料也不含糊，鐵蒺藜用 2.5 毫米粗的，鐵絲網用的是最結實的那種。

第一天的時間，剛剛夠兩個人把門做好。聽起來效率不高，但工作量確實不小，而且是重體力活。門的立柱要很結實，這樣既支撐門，又要禁得住兩邊圍欄的拉力。所以坑要挖得深，柱子要結實，另外每邊的門柱旁邊再有一根支撐柱，由一根橫樑，把門柱和支撐柱連起來，形成一個「門」字形結構。最後按對角線拉上粗鐵絲，再扭到一起，打成緊繃繃的標。門柱直徑要 20 厘米以上，2.4 米長。用硬木截成的柱子，兩個人抬起來都費力，只好用拖拉機運。鑽孔機在地上鑽好孔，再把打樁機調整到位，把柱子底部鋸成尖形，往下砸入地下一米深。填坑後再用鋼釺一下下地搗實，鋼釺的重量比魯智深用的禪杖輕不了多少，搗不了幾下就上氣不接下氣。想想花和尚竟然能把禪杖掄得紡車般快。相比之下，單憑力氣，我這本事能夠在當年的梁山泊當個抬槍備馬的小嘍囉就不錯了。固定橫樑和門，都需要在硬門柱上打孔。打孔位置高的高、低的低，姿勢拉起來很不得勁，基本上是鑽一個孔、出一身汗。這樣的門形結構，每隔一兩百米左右和遇到拐角處就要建一個，地形複雜的地方，間隔更近。

　　比起第一天只在不到十米長的地方豎起一個門，第二天的成就感要大些。一大早先把破敗的圍欄拆下來，挨個把那些陳年老椿們檢查一遍。水泥椿子大多比較堅固，能繼續「發揮餘熱」。Y型鐵質椿入土部分，基本鏽得不能用了。因為圍欄兩邊都有各自的牛羊，所以圍欄要當天拆，當天補。

　　鄰居有經驗，把工作量控制的很好。第一天修門。第二天拆一百多米舊圍欄，加上打椿和簡單固定好鐵絲網。第三天拉上、中、下三道鐵蒺藜，並最後綁紮好。我原來頭疼的，是如何把一百多米長的鐵絲網和鐵蒺藜拉直繃緊。對鐵絲網，鄰居先把一頭結結實實地紮牢，另一端用拖拉機拉住。試試鬆緊合適了，把這一頭再用帶倒刺的椿釘固定在門形結構上，然後拖拉機開走，把鐵絲網最後紮牢。對鐵蒺藜的辦法是先把一頭紮牢，另一頭用專用工具拉緊。這種工具有兩個抓手，很形象地俗稱袋鼠爪，一倒一倒地用上勁。最後的工作，是把鐵絲網和鐵蒺藜逐一固定。一根木椿上要釘上四顆釘，鐵椿上用鐵絲擰四個扣，兩個椿橛之間的鐵絲網和鐵蒺藜，再用鐵絲固定在一起。

　　捆紮固定是一個很瑣碎的活。請專業工人幹的話，他們會想著每天完成多長，打一個簡單的結就完事了。自己幹，想的是圍欄能堅持十年二十年，結實更重要。這個時間是嘴閒手不閒得時候，兩人一邊幹，會一邊閒聊來打發時間。兩人共同語言最多的是對政府規定和稅費的不滿。他說原來的市政費很低，現在市政辦公室裡人越來越多，設備越來越高

級，規定越來越難懂，收費多而且高。最容易發生爭論的是一些天下大事，譬如溫室氣候等。一旦發生爭論，鄰居就會停下手裡的活，站在那裡直到爭論告一段落，有時這個時間能持續半小時。於是我只好提醒他：「嗨！回去幹活。」他會笑笑，低下身繼續幹。常常沒幾分鐘，又想起來什麼論點，接著又湊上來，把話說完才算甘休。

記不得在那裡看到的，說是男性同一時間只能集中精力做一件事，如果幾件事同時壓在心上，就會出現焦躁反應；而女人卻可同時和幾個人聊著天，這也能解釋為什麼服務和接待行業女士居多。另外，要想讓男人講話，最好的時機是他們在做一些不需要動腦子的機械性簡單運動的時候，譬如散步等，這時候好像是腦子裡管說話的齒輪跟著開始轉動。你如果正兒八經地安排好地點和場合，讓他老老實實的坐在那裡，等到的問題常常會是：「你想讓我說什麼？」男人的這些特點在鄰居身上挺明顯。平常他少言寡語的，沒想到這時候話也多，聯想也豐富。看來以後員警們最好把審訊室裡坦白從寬的標語撤掉，牆上掛上風景畫，把椅子也換成跑步機，沒準能把「逼他說」變成「他要說」。審男嫌疑人時，用一個員警，好讓他集中精力「竹筒倒豆子」。審女嫌疑人時，員警越多越好，幾張嘴同時提問題，別給她留過腦子的時間。

不過在有些具體問題上，分歧還是有的。譬如，我想把地裡的新生桉樹苗除掉，而鄰居卻從苗圃裡買桉樹苗栽種。當時讓他以後別花錢買，需要時到我這邊挖就行，他例外

地笑笑，沒接話。潛臺詞可能有兩個：一是他是希望原生樹越多越好，不願為了在他的地裡種樹，而挖我地裡長得好好的樹。和其他朋友談起來時，也能聽出來他們中不少人對改變現狀的開發行為持反對意見，他們想要的是保持原有的生態環境和生活方式。對外來投資者來說，這裡不少人不見得因為你拿大把的錢來投資，他們會對你高看一眼。各自的權利界限明確，當地人不指望沾你的什麼便宜，也不怕你來強拆，基本上是按各算各的帳，井水不犯河水的方式行事。第二個可能是澳洲人的小習慣，懶得去下力自己挖樹苗，需要什麼花錢買就是了。有個別農民，平常的一些活也花錢找人來幹，因此被稱作「生產支票的農民」。

　　如果把整個工作分解成：拆舊、打椿、掛新、捆紮和收拾現場五個部分，我感到拆舊最省勁。手拿一把老虎鉗，上下一剪，雙手一拉，還不行的話，再加上抬腳一揣，一段舊圍欄就下來了，這是不是隱含著搞破壞比搞建設更容易些。再有些不太有根據地引申一下，當好人是不是真的比當壞蛋要難？最難攢起勁來幹的就是新圍欄樹起來後，把舊圍欄材料打卷收起來，現場拾掇乾淨。這種活需要同樣的力氣，卻沒什麼成就感。別人會批評你的舊圍欄多麼糟糕，壓力變成動力地讓你儘快把這礙眼的物件去掉。別人也會誇獎你的新圍欄修的如何不錯，從而讓你手扶累酸的腰杆，沾沾自喜，又有幾人誇獎過別人收攤子收得漂亮？善始而不善終，恐怕也算是人的常態之一吧！就像有些人善於思想卻不善於動手一樣。所以不見得要把善始善終做為一種金科玉律。

　　修圍欄一項必不可少的輔助工作，是清理礙事的雜草樹木。其中最難對付的，是那些四季常青的荊豆花灌木。最高能達三米多的灌木叢，讓人無法靠近。矮一些的，一不小心就刺穿褲子紮你一下。鄰居跳上拖拉機，用鏟斗推、輪子壓。十分靠近圍欄的，只能一根根地砍斷。那天上午，我站在新清出來的一個小斜坡上，在向後一倒退時，腳踩在了一根被壓倒在地的荊豆枝條上。枝條的表皮剛被拖拉機的鏟斗抹去，很滑。這樣我一下失去了平衡。儘管身體還算靈活，在掙扎中，有那麼一秒鐘，幾乎就站定了，但最後還是二次探底，側摔在了泥地裡。鄰居看完了這精彩的一幕，連忙跑過來問候。我跟他說沒事，估計是剛才推地得罪了土地爺。現在磕了這個頭，應該能饒過我們了。順便借此良機，用中國傳統文化把他薰陶了一番。聽完我山神土地描述完後，看到的不是對我們文化的博大精深的羨慕之情，而是漠然地回道：「你們的神太多了。我們這裡耶穌帶了十來個徒弟就辦了的事，看你們這天上地下一大幫。」

　　晚上回家，老婆從八百公里外打來電話。沒等我開口，就說她今天上午在辦公室裡摔了響亮的一跤。我上一次摔跤還是七年前，當時在雲南離保山不遠的深山裡。下山時，再結實的石板也沒拉住沾滿泥的鞋，身體連反應都沒有，就趴在了地上。七年後，居然在差不多的時間，有幸和老婆在相距八百公里的地方一起摔倒，這似乎有點太巧了。就算不迷信，也覺得冥冥之中，有一種用現有的科學無法解釋的存在。心地寬廣的女釵裙們可以高呼「嫁雞隨雞，嫁狗隨狗」，

但挑來揀去地嫁了以後，一旦真的因為丈夫的不入主流而讓自己變成了農婦，難保內心不感到失落。我們摔跤儘管算不上什麼好事，但總算是個和老婆拉近乎的機會，趁機緣分，夫妻相地發揮了一番。如果能讓老婆一邊揉著墩得酸疼的屁股，一邊自言自語：「還真的是嫁對人了？」也算是壞事變好事的一種吧。第二天，我把這個巧事告訴了鄰居。他的第一句話就是：「去買彩票。」小家小戶，平平安安就是最大的福氣。發意外之財的福氣不夠，只要不是我們兩口子無意中得罪了哪位神仙就好。

算不上好看，但結實管用的新圍欄

經過兩個多星期的折騰，最初計畫的三百多米舊圍欄煥然一新。兩人欣賞成果般地沿著圍欄走了一趟。鄰居一邊走還一邊把看到的鐵絲頭，釘子等撿起來。不然牛羊吃草時，帶進肚子會造成傷害。看著看著，發現了新的問題。有這段舊圍欄時，看著其它部分的圍欄還算結實。新圍欄立起來後，相鄰的舊圍欄怎麼看怎麼彆扭。讓人擔心的是，動物們會「柿子撿軟的捏」，它們以後會在相鄰的圍欄上找空子。沒別的辦法，兩人只好攢起勁，再去買材料，把其它四百多米舊圍欄重新加固一番。前前後後一個多月的時間才把兩家之間七百多米的圍欄整理了一遍。租草場的牛主人看了我們幹的活挺高興：「嗯，以後我修圍欄的話，就來雇你們。」

「地主」的「造反」

花錢買地，結果給搭配了一大堆責任。對政府、對鄰居，該盡的責任盡得差不多了，當「地主」的優越感也被打擊得差不多了。那麼，「地主」總應該有些「地主」的權利吧。其中的權利之一，大概就是能對政府發發牢騷。首先我給州長發了個電子郵件，其中提出了三個州政府管轄範圍的問題。

第一個問題是關於農場分割出售的限制。我的農場有一千兩百多市畝的山場和谷地，已經栽種果樹的地方不過三十多畝，適合農業種植的能有八百多畝。大片的土地除了放養牲畜，基本處在荒廢狀態。要想開發出來需要勞力和投入，用我一個人的力量，幾乎是一種愚公移山式的前景。現

在整個農場只有一個土地所有權證。沒有特殊原因，申請分割所有權很難獲得批准。我曾經問過分割土地為什麼這麼難，從不同的人那裡得到了不同的回答。州政府說農場土地限制分割是為了保護農業用地，控制山區人口密度，保護環境和城市水源品質；當地的老住戶說他們希望保持現有的生活方式，不希望有進一步開發活動；山區政府主管規劃的人說放開土地分割後，道路，水電，廢物處理等基礎設施跟不上。我的建議是應該修改現行規定，鼓勵將類似的大地分割成一個個家庭式農場的規模。這樣做，一可以降低單塊地價，吸引人們來生活，從而解決勞動力問題；二能充分利用土地，提高單位面積產出效益；三能增加供給和創造就業。最後加上一句牢騷說，南澳州的雞蛋都不能自給，需要花錢從新南威爾士州買來，這裡面不說明你們保護農業用地的方式有問題？

第二個問題是灌溉用水的限制。按照規定，即使在地裡有小溪，有水壩和水井，如果沒有經批准的用水權，你也不能引水澆地。州政府根據農場種植的品種核定用水量，譬如每公頃櫻桃的用水標準是每年 8100 立方米。因為阿德萊德山區優越的自然環境，年降雨量也很高，應該鼓勵這裡的農業生產。所提的建議是每個農場的用水額度，按照土地面積乘以當地的降雨量來確定。從自家的井裡和水壩裡取水，只要不超過這個計算的額度就不需要申請用水權。也就是說，天上掉到我家地裡的「餡餅」就該算是我的。

第三個問題是開發農業用地時，在清理植被上的限制。

現有規定有這樣和那樣的規定，砍樹、除草都要申請。花錢不說，申請的時間要幾個月，結果是把自然生長的植物變成了「地主」們的責任和負債。事實上沒有人閒得沒事，把砍樹挖地當成一種消遣。建議對於不屬於特別保護的樹、灌木和草地，「地主」只需要在清理時報告一聲，不需要走批准的程式。在這種地廣人稀，人有時間只會想當孫猴子到處跑著玩，不會當愚公出力氣幹活的地方，政府部門完全可以通過衛星等對這些地方做個監控。沒問題皆大歡喜，有個別的環境問題時再要求改正。沒必要因為對個別問題的擔心，而讓所有人都背著個負擔。

　　頭一天發的電子郵件，兩天後收到州長辦公室的確認函，告訴所提的事情已經引起重視。事情進展到這一步，對我來說也算是達到目的了。一個簡單的電子郵件，能改變什麼？

　　有些出乎意料的，過了三個星期，還真收到了看樣子是州長簽名的答復函。南澳州到底是人少，州長辦公室勉強能應付了我這種平民的抱怨，兩頁多的 A4 紙上是逐條的解釋。信的開頭，先強調了阿德萊德山區在農業、旅遊、生態、食品等方面的重要性，然後解釋說：在發展經濟和生態多樣性兩方面需要相互平衡。政府制訂的「大阿德萊德三十年規劃」，就是要在人口增長，農業用地保護，旅遊業和生態多樣性等因素之間建立這種平衡。現在各地的地方政府，正根據這個規劃修改各自的規劃，建議我和當地政府聯繫，爭取能在具體規劃修改的過程中參與意見。關於用水，信中說阿

德萊德山區的農業很重要，水是有限和寶貴的，不光農業要用水，山下城裡人也指望著這些水。需要管理好所有用水的人和環境對水的需要。這不光關係到現在，還要考慮到下一代等等；最後是告訴具體負責用水計畫的政府人員的姓名和聯繫方式。關於清理植被的問題，同樣是強調植被保護的重要性，介紹了保護系統的運作方式，具體負責人及其聯繫方式等。

其實，在給州長「找麻煩」的同時，我已經給阿德萊德山區政府發了類似的電子郵件。不同的是，郵件的內容主要是針對這級政府的一些規定。譬如發展種植業要考慮向陽避風的山地多，大面積平地少，冬季雨多的時候農業用水與城市供水矛盾小的本地特點。我的建議是：應該多搞小型高產的冬季溫室生產，而不是現在常見的大面積、粗放型種植。這樣的話，基本消除與城市爭水的問題，同時農產品市場需求也比較好。按這個方向發展，現在山區政府規定中的對農業建築材料和顏色的限制就應該改了，冬季農業用水也不用再限制了。再就是鼓勵小水壩建設，這樣可以減少水土沖蝕，改善微生態環境。就像中國治理水土流失用的魚鱗坑一樣的道理。現在州政府對 5000 立方米儲存規模的小水壩沒有限制，那地方政府就鑽這個空子。還有就是用發展的眼光看待基礎設施不足的問題：歷史車輪不可阻擋，將來山區人口只會越來越多，基礎設施不是要不要發展的問題，而是你主動發展還是被別人推著罵著發展的問題。儘管不曾謀面，與區政府中計畫部門的負責人過去有過電子郵件的往來。收

到我的郵件後，很快收到了輕鬆的答覆。說謝謝我那些有見地的好主意，待他休假回到辦公室後就考慮我的建議。言外之意：不愧是個農民！

　　提出的建議能讓他們花時間回應，顯然是因為這些建議對我自己和政府人員有利。用點文謅的話說，就是符合「非零和遊戲規則」。對州長來說，他想增加投資，增加支持率，我提的建議比較接地氣，估計他的那些幕僚顧問們沒提出來過。對山區政府而言，想發展又要找好平衡，我提的選項是找到這種平衡的一種思路，同時也顯得具體辦事人員在積極工作。從對我有利的方面講，不用建個小溫室，從設計到材料都要等政府批。小水壩雖然小，只要山區政府不阻撓，一條山溝建一、兩個，加起來可用的水資源也能比現在翻倍。以後山裡人多了，土地分割出售的限制會少些，地價會高些。各個有關方面按對自己最有利的原則做出選擇，最後的結果可能不會是最好的，但應該會遠遠好於最壞的結果。假如一方竭力追求最好的結果，一是難以取得共識，另外相伴的風險，是出現最壞結果的機會同時大增。大事小情做決定時可能都會用到這個道理。

　　有次參加山區政府組織的農業生產座談會，來的都是農民。會上先由州和區政府規劃負責人介紹政府打算如何鼓勵農業生產，然後是提問。真是七嘴八舌不停口，這幫農民對政府規定的意見真不少。幾個政府人員被問得難以招架，只好不停地相互打掩護。把他們提到的話題大致歸納一下：

1. 申請新的用水權很困難，這嚴重制約農業發展。

2. 政府鼓勵農業發展的規劃和社會經濟整體規劃有相互衝突的地方。

3. 農民有權自行決定土地的農業用途，不需政府來劃分種植用地或是放牧用地。

4. 住在山區的「城市避難者」與農業生產有衝突。他們追求的是山區的生活方式，想法上與農民不同，不知道如何合理使用土地，不願下大力氣，不喜歡農業生產的機械和噴施帶來的影響。

5. 一個土地所有權的範圍內只允許建一棟住宅不利於農場管理。

6. 對同時擁有多個所有權證的農場，政府正在試圖合併縮減權證數量。這樣做會降低整個農場的價格，從而造成財務上的困難，譬如從銀行抵押貸款的數額。但土地價格漲得太高，也會使農業生產變成賠錢的買賣。

7. 植被保護中有些條款需要修改。譬如死樹有可能向果園傳播病蟲害，應該允許移除。

8. 只要不造成污染，任何農業和附屬服務性建築都應允許建。譬如工棚、路邊商店、包裝和加工設施，現在的批准過程太長。

9. 應允許農場辦「住宿加早餐」式的農家樂，讓農民有額外的收入來源。

10. 應允許將一個土地權證分割成幾個小的權證出售。這樣

能提高出售價格,減輕農民經濟壓力。

11. 年輕一代不願當農民。

12. 生產方式都在變化。現在平原地區一個種植馬鈴薯的農場的產量,等於過去山區兩百五十個農場的總產量。但牲畜的價格和二十年前一樣。

13. 山區人口增長。

14. 政府稅費太高。

15. 農產品運輸難,開展旅遊難。應加強基礎設施建設,如道路、停車場、廁所。

16. 向市場推銷阿德萊德山區產品「潔淨和綠色」的形象。

所提的問題,大致能比較全面地反映出大家在農業活動中遇到的問題。從提的意見來看,這些「地主」對改變家鄉落後面貌還是有積極性的。可惜農業專業戶是少數,大多數在山區住的人,是來享受大自然帶來的悠閒的,農業生產對他們的生活是一種不受歡迎的干擾,州長市長的當選都要他們投票。這裡有這麼多不拿發展當硬道理的選民,想改變「落後面貌」可沒那麼容易。還是像那句話說的「該幹嘛幹嘛去」吧!

現實就是,大官和小官們的態度都挺好,同行們也蠻志同道合,其他大多數人的想法不可能改變。2000 年初執政的自由黨推行新的「產品和服務稅」(GST),這樣所有人在花錢時都要多交 10% 的稅,國民心中的不滿可想而知。當時主持這項稅的政府二號人物去鑲牙,牙醫把他的壞牙拔

下來，拿起要鑲的假牙一看，立刻笑的前仰後合。二號問他笑什麼。牙醫說：你以後飛機失事後，不用擔心別人辨別不出你來了。二號問為什麼。牙醫說：「做假牙的人在你的假牙上刻上了三個字母：GST。」

這反映的，大概就是一種澳式民主吧！在這種制度下，州長市長要想做點改變，要面臨丟了自己飯碗的風險。做為一個小農民，咱還有什麼好說的？別再給人家添亂了。繼續頂著我的「地主」帽子，幹長工的活唄！只不過是這個長工在種養方面有一連串的想法要去試。在中國時，生活在人煙密集的環境裡，按國土面積算下來，平均每平方公里上有一百三十五人。按十八萬市畝的耕地面積算，平均每人一畝半地都不到，照樣能打出夠吃的糧食。現在一個人占著一千兩百畝山坡地，即使有條條框框卡著，老祖宗們多少年積累下來的農耕寶庫裡，總該有適用的辦法。爭取做個「袋鼠和姚廣孝式」的長工吧！

至於有些比我超脫的多的人，只希望向陶淵明那樣，在這個農場能有地方讓他「登高坡以舒嘯，撫枯樹而盤桓，望浮雲思乘化，寄心緒於碧霄」。地主、管理員和長工之間的差別，也許就不太明顯了。

Chapter 5

**第五章
該養些什麼**

第五章 該養些什麼

　　這個休閒農場，除了住房周圍圍起的三十多畝地上種了果樹，其它一千多畝地分成一大一小兩個圍場，每個圍場內建有一個水壩。大圍場主要是放牧用，小圍場應該是一個暫養區。給牲畜檢查、治病、分群、裝卸都在小圍欄裡完成。卡車裝卸設施連著小圍欄，看樣子也差不多是二戰時建的。原來還有一個剪羊毛的工棚，現在已蹤跡全無，估計是早已毀於山火了。

　　上一個主人在大圍欄裡養了一百多隻羊。曾經問過他怎麼沒養雞狗之類的，回答是養了牠們就不方便出去度假了。這塊地上的理論載畜量是兩百五十隻羊。一頭牛的食草量大約頂得上十隻羊，所以能供養二十五頭牛。為了保證牲畜有足夠食物和保護植被，載畜量在不同的區域有套用不同係數的計算公式。

　　養多少牲畜還要看周圍鄰居家的情況。要保持你家的草和鄰居家的差不多才好，不然的話，你這裡草多牲口少，鄰居家的牛羊會跳槽到你這裡；反過來，你的牲口會這山望著那山高。不管怎樣，圍欄容易受損，重新把牛羊分開也費勁。

　　有一家鄰居家裡養著牛，同時還有羊。我有次問他，混養不好，他為什麼這麼做。他無奈地告訴我，他知道牛羊混養容易相互傳染病，這些羊原來不是他的。幾年前他的鄰居

來敲門，說他新買的幾隻羊翻過圍欄跑到這邊了，問能不能讓他抓回去。我的鄰居說沒問題。他的這個鄰居帶著兒子，騎著四驅摩托車忙了兩天，只抓回去了兩隻。最後只好洩氣地說：「忘了牠們吧！」剩下的幾隻羊經過幾年的繁衍，我的鄰居現在白白地擁有了三十多隻半野生的肉食羊。隔一段時間他就帶著槍，若無其事般地蹭到離羊群不遠的地方，待羊們放鬆警惕後，開槍撂倒一隻，拉回去吃肉。對於那些專業養殖戶來說，他們會不斷地給牲畜定點定時餵食，牲畜對人沒有畏懼感，這樣在需要管理時就方便多了。這個鄰居聽我說願養羊，當即表示願把他的這些羊白送給我。可當談到怎麼把羊趕過來時，兩人都翻了白眼。瞎積極了一陣子，對我來說，天上的確是飄蕩著白送的羊肉，可沒辦法讓肉掉到我的盤子裡。

　　做為買地時的宏偉計畫的一部分，對養什麼動物也是做了不少思量，其中想到的有雞、鴨、鵝，牛、羊、馬、驢，外加上狗貓和羊駝。

養雞的思量

　　先說養雞。小時候就對養雞不陌生。那時的農村家庭裡，油鹽醬醋的錢不少是靠雞屁股眼來解決的。孩子過生日，家裡能給煮個雞蛋就算是隆重的。孩子便秘，拉不下屎來，下上把掛麵，荷包上個雞蛋，滴上幾滴香油。一碗稀裡呼嚕地進肚子，跑著上廁所去了。家裡來了客人，炒個雞蛋常常是最現實的辦法。記憶中鄉村集市上，雞蛋最便宜的價

格是每個三分錢。一個中等的工資收入大約能買一百個健康、綠色的農家土雞蛋。雞蛋便宜的時候買上不老少，醃到罐子裡，冬天常不常地就吃蛋黃冒油地鹹雞蛋了。那時候沒有籠養雞的概念，更沒有人造雞蛋這種「偉大發明」；化肥農藥基本沒有，有也用不起；另外一切按計劃分配，想買也買不到那麼多，連雞窩和圈雞的材料都是可生物或自然降解的。人們天天吃著健康食品，可是東西少，健康狀況一般。這和今天的情況不一樣，現在是大家用不健康的各種方式吃著不健康的海量食品，健康狀況更是一般。

寫到這裡，聯想起了一個笑話。說是：

有兩個人獵到了一隻公鹿。公鹿長著又大又好看的角，估計這就是童話故事裡講的那只自戀自己的長角，而對自己有細又長的，卻能讓牠逃命的腿感到自卑的鹿。

兩個獵人撈起鹿的後腿，向家的方向拖去。鹿的角拖在地上，劃進土裡。兩個人走起來非常費勁。這時，一個過路人跟他們說：「嗨！夥計，你們該到另一頭，抓住鹿的角拖才能走得又快又省勁。」兩人倒也聽話，抓起鹿角拖了起來。

過了一會，其中一個說：「哥呀！那人說的還真對。這麼拖，省勁多了。」另一個說：「是呀！好倒是個好辦法，可就是我們離家越來越遠了。」

不少事情都是這樣，大家圖的是當時的感覺，眼前的滿足，可偏偏忘了做事的目的。吃飯的基本目的是為了健康，現在物質條件好了，食不厭精，吃一看十，到頭來高血

脂，高膽固醇患者越來越低齡化。窮奢極欲，能飛的除了飛機，帶腿的除了桌椅板凳，全都吃進肚裡，結果創造出了SARS。這麼個儘量滿足口腹欲的貪吃法，要想達到健康的目的，可就是南轅北轍了。

小時候城鄉界限不像現在這樣明顯，家裡年年買上十來隻小雞養。記得每年，天開始暖和後，大院裡就開始聽到叫賣小雞的聲音：「壽光大鵝雞咯！」待到人圍攏過來，賣雞人放下挑子，把兩邊籠屜般的大圓雞籠一打開，裡面擠滿了黃乎乎、毛茸茸、嘰嘰喳喳地小雞，差不多家家都或多或少地捧幾隻回家。回家後，找個紙盒子，鋪上舊報紙，撒上些小米，聽著小雞們唧唧地叫著，腳步似乎有些蹣跚地啄食。冷了、餓了、或是感到孤獨了，偶爾能聽到幾聲高聲的鳴叫，更常聽到的是團結友愛，相互安慰的唧唧聲。稍微大點，雞們就具備了充分的獨立生活能力。早上雞窩門一打開，立刻爭先恐後衝出來。偏頭看看主人，假如發現手裡沒拿食，伸伸翅膀，蹬蹬腿，自己去刨土找食。天一擦黑，自己回雞窩。好像沒聽說過一家的雞跑到另一家去入夥的事，真的是很省心。

不少的觀察和研究發現，雞或雞群遠比人們原來印象中的要複雜。雞是一種群居型的動物，他們和別的雞待在一起的需要，超過對食物的需要。有一個試驗，是把雞放在一條長通道的一頭，通道的另一頭先後放上食物和雞群其它成員的錄影。結果發現放雞群錄影時，通道裡的雞跑向另一頭的速度更快。在一個熟悉的群體裡，雞們顯得放鬆、自在，

否則顯得拘束和膽怯。在一個群體裡，存在著高低不同的等級。等級高的雞宿窩時，能先進窩，佔據靠裡面暖和安全的位置。等級低的想先進窩，常常要挨啄，只能宿在靠門的位置。早上開門後，先出來的是等級高的雞。吃食時，等級低的，只能跟在後面撿剩下的。

雞比人想像的要聰明，譬如說識數。有一個試驗是把依次擺上 10 個盒子，在第 4 個盒子裡放上雞食。等雞吃上幾次後，把盒子安原來的順序換地方，改變相互間的距離，結果雞們依舊先奔向第四個盒子。這說明，牠們是根據盒子的順序，而不是位置和相互距離來做決定的。不遠的過去，世界上還有結繩記事的民族。雞的這個智力水準，似乎有些接近半原始人類水準的意思了。

雞的交流能力也不錯。據說，小雞在出殼之前，就能同雞媽媽和其它殼裡的小雞交流，雞媽媽也用低低的叫聲對他們進行胎教。細心點的，能聽出雞們不同鳴叫聲的含義，有害怕時的尖叫，下蛋後驕傲的咯咯噠，見到奇怪東西時遲疑的低音，發現危險事急促地，和危險過後解除警報舒緩地鳴叫等等。人在讓牠們不滿意時，牠們發出的聲音能傳達出抗議的意思。

小的時候，有一年別人送給了兩隻雜交的小烏雞，羽毛半黑半黃，長得更像兩隻小鳥。也許是感到和別的雞不同，兩隻一公一母的小雞，總是形影不離，我在場時也環繞左右。每天放學，離家二、三十米的地方吹一聲口哨，兩隻小

雞立即呼扇著翅膀,飛奔而來。然後嘰嘰喳喳地跟在腳後,聽起來好像在歡叫:「爸爸回來了!爸爸回來了!」別的雞我也同樣地餵牠們,但都沒有這兩隻小烏雞這樣偎人。

雞們也會談戀愛和共同置辦小家,公雞在發現好吃的後,常常咕咕地叫個不停,引著母雞奔到自己周圍。看到母雞吃下去,一副昂首挺胸大丈夫的樣子。母雞要孵小雞了,公雞會先找個合適的草窩鑽進去,左趴趴、右趴趴。母雞滿意的話,公雞出來,母雞進去。母雞不滿意的話,公雞也沒脾氣,再找下一個。如果遇到這種機會,建議在一邊細心地觀察一下。公雞母雞「咕咕咕、咯咯咯」的對答聲,就像正在慢聲細語商量。在《新華每日電訊》上看到一篇〈所謂恩愛就是好好說話〉的文章。沒發現作者的名字,但搜索題目在網上能查到。節錄如下:

早起上班,身後有對中年夫婦和我一路,一直聽到他們在細細碎碎地聊天,很有趣。

男:「一會吃包子吧,好不好?」

女:「好啊!」

男:「吃肉的還是素的?」

女:「肉的吧!肉的好吃。」

男:「那就要兩個肉的,素的想吃嗎?」

女:「也有點想吃,你想嗎?」

男:「我也想,一會我先去佔座,你去買包子。」

就是這些瑣碎的再也不能瑣碎的事，但兩個人說得津津有味，有商有量，不急不躁。

我不禁回頭看，那兩位真的是扔到人堆裡找不到的兩個普通人，模樣普通，衣著普通，但面色平和，笑容綻放。兩個人沒有挽手，只是頭頸相靠，暗藏屬於中年人的那一點纏綿。

或許我有點武斷，我覺得憑他們的交談方式，他們一定是一對恩愛夫妻。雖然我只看到了有關他們生活的最簡單的一個斷面，但這個斷面所蘊含的意義和所具有的象徵，卻叫人不能忽視。我有個表姨，老兩口都八十多歲了，說話就是這樣，他說什麼，她都覺得好，有道理；她要做什麼，他都支持，就算有不同意見，也是商量著來。聽他們說話，有一種溫潤的鬆弛感。

作家劉震雲說過：「人生在世說白了也就是和七、八個人打交道，把這七、八個人擺平了，你的生活就會好過起來。」

夫妻關係也是如此，無需將愛總是掛在嘴邊，只要把所有的細節都擺平，譬如一天三頓吃什麼飯，放假是看電影還是看錄影，到底是早起散步還是晚上遛彎這些小事，大家都能做到夫妻同心，有商有量，那麼自然而然就變成了一對恩愛夫妻。

若哪位有機會看到公雞和母雞找窩的場景，應該能感受到有些公雞和母雞之間的情誼，不比有些衣冠人類之間的情誼差。

　　要說到母愛，雞媽媽的偉大可是深入人心。在幼稚園的一個保留遊戲，就是老鷹捉小雞。一串小朋友在後面連喊帶叫地扯著老師的衣服，看到的沒幾個不露點笑意。雞媽媽對小雞的關愛可是沒說的。一天到晚，咕咕的呼喚聲不斷，走到那就把小雞們緊緊地帶到那，眼睛不離左右。一旦發現危險，嘴裡急急地叫著，兩支張開的翅膀把飛奔進來的小雞緊緊護住，脖子上的羽毛炸開，兩隻鳳眼圓睜，盯向危險來的方向，一副英雄母親的形象。人類中出現這種場景，那可是夠格上電視報紙的。

　　雞的食譜可以拉得很長，差不多能覆蓋所有動物和人的食譜。前幾年朋友送來兩隻雞給孩子當寵物，在城裡房子後院靠牆的檸檬樹下圈了個雞圈。那個地方每每是野草拔不盡，有風吹就生；有了雞後，沒多長時間就變成了寸草不見。收拾後院時，常常把牠們放出來。兩隻雞跟在旁邊，只要有翻出來的蟲子，基本逃不掉的。有次打掃一個磚砌的燒烤爐子，蓋板下有隻差不多一巴掌長的小蜥蜴，其中一隻雞不知怎麼就看到了。在我看到蜥蜴緊張一楞神的功夫，牠已經縱身向前，一啄一甩，蜥蜴落在了平地上，緊跟著雞展翅一跳，落在蜥蜴前。接著又一啄叼到嘴上，頭一仰，脖子一伸，把蜥蜴活活地吞了下去。如果我在這裡說的不夠形象的話，看看周星馳拍的「功夫」影片中包租婆婦夫的身手就知道了，特別是那段包租公飄到兩個用琴聲殺人於無形的高手面前時的畫面。當時我站在旁邊，看著身翅矯捷、尖喙利爪的雞，不禁感到人們手到縛來的雞也不是易與之輩。手無縛

雞之力，有時也別只理解成是縛雞的人太弱。

因為對養雞比較熟悉，一開始就把養雞做為計畫的一部分來考慮。養雞生蛋可以掙錢，儘管不打算把養的雞送進屠宰廠，把牠們養到老也不是個負擔，牠們能幫人在果園裡除草滅蟲。按照家裡後院養雞的經驗，一隻雞能讓十平方米寸草不長，估計控制住二十平方米雜草應該有可能。另一個可見的好處就是肥料，雞糞肥田的效果好。從一篇文章中看到四百隻雞產生的雞糞，能滿足六市畝土地的用肥量。這樣粗粗地算起來，三十畝果園裡養上一千多隻雞，再用上些其它多元素礦物肥料。這樣的話雜草、蟲害、施肥的事情，這些不要工資的「工雞」們就給包了。

雞群的來源，也不一定非像我小時候那樣「從娃娃抓起」。籠養雞廠裡，每年都把產蛋率下降的老雞送進屠宰廠。說來也是悲慘，這些雞一生都是待在狹窄的籠子裡。去屠宰廠的行程，可能是牠們唯一的機會看到太陽和綠樹，呼吸到新鮮的空氣。有些愛心人士成立了「籠養雞拯救協會」，從養雞廠把這些淘汰雞買回來，再交給別人飼養。另一種方法是直接從養雞廠購買。這樣的話，一隻雞的成本大約要三到四澳元。養這種雞的好處是：牠們已經是成年雞，抗病和生存能力比小雞要強，吃草、捉蟲的本事也大。需要注意的是這些雞一直在室內雞籠裡生長，有不少身上的毛都不多，爪子上的指甲老長，初到一個新環境可能不太適應。

在「農廣天地」等節目中，對這種「立體養殖」有一些

介紹。譬如有的是山坡上種板栗、楊梅等果樹，還有桂花、羅漢松、外國松等名貴花木，黑山雞和烏雞放養在這片山林裡，山下的池塘裡分別養著甲魚、錦鯉、四大家魚等魚類。雞餵的是地裡種的玉米，也以林間的蟲子為食。雞糞不僅給果樹、花木提供了非常好的有機肥料，連農藥也不需要打了。山上長出的青草加上少量雞糞，又成為了魚的飼料。通過這種生態化養殖，也保證了畜禽產品的綠色環保。

主意倒是挺好，但澳洲的規矩多。為慎重起見，在行動之前，先給山區政府發了個電子郵件，詢問養一千到二千隻雞需不需要申請。這次得到的，是一個乾淨利索的回答：「不行！」

原因一是對疫情的擔心，這點我是有一些親身體會的。小時候養雞，開始左鄰右舍養的少，雞瘟的情況還不是太明顯。後來養的越來越多，結果年年鬧雞瘟。先得病的都是那些長得又壯又好看的雞，每年新養的雞，幾乎一隻也不剩；我的那兩隻雜交小烏雞，也是先後死在一場雞瘟中。幾十年了，現在還能多少記得起把牠們埋在一起時，那種難過而無奈的心情。再有一個原因，就是農場位於城市供水的水源地內，大量養雞容易形成污染。

最後，是在果園裡養雞或其它動物，牠們的新鮮糞便等，對食品安全是個風險，像所攜帶的大腸桿菌。譬如：人鞋上沾了雞糞，上梯子摘果子時，雞糞沾在梯子上。人手扶梯子下來時，再沾到手上。按照規矩，在果實快成熟時，果

園裡不應有動物。對有機食品的規定更嚴格，對於與土壤有接觸的產品，使用未經充分腐熟的動物糞便到採收，最短要間隔一百二十天；不與土壤直接接觸的，這個間隔是九十天；這樣的要求是有道理的。回過頭來看看國內的一些立體養殖，在防止病害沿食物鏈傳播方面，應該要多加注意才好。

山區政府的擔憂是對的，但講的理由似乎值得商榷。

在進一步爭辯的電子郵件裡，我講的是：雞和雞蛋總要有，即使有疫情風險，也不能不養雞。雞糞可以看成是個污染源不假，但不用雞糞，我就要花錢買別的肥料和殺蟲劑，這個污染省不掉。雞的存在對食品安全有風險，我按照規矩控制牠們在果園的時間就是了。

曉之以理後，再動之以情：這些可是那些可憐的籠養雞，讓牠們在我這裡有個幸福的晚年吧！管事的工作人員似乎有對第一次問題的現成答案，而對進一步的辯解顯得準備不足。這種情況在澳洲遇到過幾次，有現成答案的，答覆起來簡潔麻利，理直氣壯。不然的話，就需要研究研究。如果你能佔了理，收回成命的事並不鮮見。山區政府的再次答覆就有些像這種情況。告訴我一般養幾隻、十幾隻的沒問題，原則上不支持在山區大量養雞。你先把申請交上來，我們評估一下再說。這比第一次答覆顯得有了餘地。不知道這是在網開一面，還是讓我把理由都擺出來，把申請交上去，然後來個關門打狗之計？

除了政府規定上的障礙，在山區還有雞的天敵，其中最

大的天敵是狐狸。狐狸在澳洲要歸為一個單獨的種類，澳洲有原生的野生動物，像袋鼠、無尾熊；有家養動物移民澳洲後變成野生動物，像野豬，駱駝。狐狸從一開始就是做為野生動物引進來，然後幾乎蔓延全國，經常禍害新出生的小羊羔。從 1833 年開始，狐狸被引進澳洲，為的是進行英國傳統的獵狐運動。估計狐狸總數現有六百二十萬隻。為控制狐狸的數量，捕獵狐狸在各個州都屬於合法行為。不幸中的萬幸是英國沒有傳統的獵狼、獵虎運動，不然現在澳洲可能就成了狼窩虎穴了。

有的研究提出：可在狐狸多的地方，引進澳洲野狗來對付，在我看來這又是一個腦殘的主意。澳洲野狗的來源現在還不清楚，牠們有可能最初來自東亞或南亞的半馴化家犬。不知怎麼在 4600 至 18300 年前來澳洲後，徹底變成野狗。有人推測，牠們是由當時的一些亞洲移民帶來的家犬，牠們是澳洲陸地最大的掠食動物，對牧業生產有危害。於是 1921 年澳洲通過了「野狗法案」。通過新建和連接已有的欄網，在 1946 年連接起了長達 8614 公里的野狗欄網。欄網從東海岸的昆士蘭州一直延伸到南海岸的南澳州。後來因為維護難度等方面的問題，到 1980 年變成現在的長度，為5614 公里。欄網地上高 1.8 米，地下埋深 30 厘米，共用了六十二萬多根木樁和鐵樁。欄網保護著將近四億畝澳洲最好的牛羊牧場，以減少野狗攻擊牲畜的機會。

這裡有兩個對照，2009 年 4 月，中國國家測繪局及國家文物局公佈：明長城全長 8851.8 公里，其中人工牆體的

長度為 6259.6 公里，壕塹長度為 359.7 公里，天然險的長度為 2232.5 公里，牆體平均高 6 至 7 米，寬 4 至 5 米。作為對比，現在中國耕地保護紅線是十八億畝。澳洲這個欄網的作用不可小覷，澳洲的野狗欄網是世界上最長的欄網，也是世界上最長的人造建造之一。可以說中國有萬里長城，澳洲有大堡礁加野狗圍欄與之媲美。狐狸為害最嚴重的地方，主要是在欄網保護區內，如果引進野狗，這條欄網的功能就像今天的長城一樣，徹底喪失了。

有一次到十幾公里外的一家農場去，看到她家養著雞鴨，離房子不遠的一條當地主要的溪流裡流水潺潺，對岸的小山綠草盈盈。就問女主人，鴨們為什麼不下河暢遊。回答是：有狐狸，雞鴨不敢去。我說：在我那裡沒狐狸。她說：一旦養了雞鴨，狐狸就會大膽地在周圍轉悠。有一次她丈夫一天打死了兩隻狐狸，其中一隻公狐狸是在早晨從她女兒臥室的窗戶開槍打死的。當時遠處小山上站著另一隻狐狸，估計是等老公帶回早餐去的母狐狸。

保護雞群的辦法能查到不少。有的是用鐵絲網把雞圈起來，鐵絲網地面以上要一米多高，地面之下最好再有三十厘米深，給狐狸挖洞偷雞創造點難度。適合滅蟲除草目的的方式是散養，平時保護和看管雞的工作交給狗。

看到的介紹上有用德國牧羊犬的，德國牧羊犬又稱德國狼犬（German Shepherd Dog），是狗的一個品種，德國牧羊犬很聰明，在所有犬類的智商排名中排行第三。牠們敏

捷，且適合動作式的工作環境，經常承擔各種任務，例如員警、護衛、搜索、拯援和軍事，牠們也為盲者做導盲犬的工作。

有用拉布拉多尋回犬的，拉布拉多犬或稱拉布拉多拾獵犬是一種中大型犬類，天生個性溫和、活潑、沒有攻擊性，智慧高，是適合被選作導盲犬或其他工作犬的狗品種，跟黃金獵犬、哈士奇並列三大無攻擊性犬類之一。

還有用邊境牧羊犬的，邊境牧羊犬是一種原產自蘇格蘭和英格蘭邊界一帶的牧羊犬，主要協助農場放牧，是最普遍的柯利牧羊犬犬種。毛色黑白相間的邊境牧羊犬以精力旺盛、體格精實且容易學習雜技運動而聞名，在犬類競技與牧羊犬競賽中往往表現亮眼，且被學界認為是最聰明的犬種。一個朋友家原來養著一條邊境牧羊犬。有次我在他們家住了幾天，一天出門發現脫在門外的一隻鞋不見了，後來在幾十米外的牧場內找到了，此後又出現了這種情況。最後發現是那條狗幹的，估計是表示對我住在牠家有意見。熟悉邊境牧羊犬的一個朋友告訴我，養這種狗，要有足夠大的活動空間讓牠們宣洩精力，不然的話牠們會顯得很調皮。

這些狗一旦認同雞和牠們是一家人，保護起來可是盡心盡力，即使是對小雞崽也不例外。澳洲有個散養雞的農場，主人白天去餵食，撿雞蛋，守護的工作由幾條拉布拉多尋回犬承擔。有人試著在大約一公里的地方播放狐狸的叫聲，牠們立刻就開始警覺。另外有人用「保安隊」保護雞群，成員

是公雞，加雜交的德國牧羊犬，再加上一頭驢。

人應該多尊重驢

看到有人用驢來守護雞場感到有些新奇。小時候經常看到毛驢拉車。推磨碾糧食的小毛驢眼睛蒙的嚴嚴實實，圍著磨道一圈圈轉個不停。不公平的是，小毛驢的認真工作態度，卻被演繹成了一句貶義歇後語，叫做「磨道裡的驢—瞎轉悠」，或者是「聽吆喝」。至於把牠們的眼睛蒙起來，我聽到的解釋，一個是不讓牠們看見糧食，免得偷吃不幹活；另一個是怕牠們轉暈了。小時候在奶奶家幫著推磨，一心想快點幹完，低頭彎腰使勁轉，不一會就感到暈眩。正確的方法是沉住氣，一步步走，眼睛看遠點，不要盯著地或一個地方看；這好像也是在生活中應有的態度。

過去小家小戶的農家養不起馬這樣的大牲口，但很多家都養驢。驢比馬的適應性強，可以忍受粗食、重負，好使喚，因此一直是人類的重要役使動物。有的小驢可以馱負相當高大的人。家裡家外用驢的地方很多，就是請大夫、送客人也是牽頭小驢出去，這種形象在「張果老騎驢」的畫中能體現出來些，不過他可是倒著騎的。比較正宗騎驢的形象可以參見老版「地雷戰」電影裡，鬼子化妝偷雷時的場景。80年代初剛參加工作時，那時公路路況不好，三、四百公里的路開車要花足足的一天。有一次出差，天麻麻亮就上了路。沒走出多遠，看到路邊有幾輛驢拉地排車，一輛跟著一輛朝同一個方向走，趕車的人無一例外地在車上蒙頭睡覺。估計這

條路經常走，小驢識途了。司機師傅發壞，超過他們後，把車停下，然後跳下車，悄悄地把第一頭小驢牽住，掉頭轉到了路的另一邊。小驢乖乖地朝著相反的方向走了下去。後面的驢們也跟著轉向，向回走。這位師傅平時挺正兒八經的，不知為什麼見了驢就這麼靈光閃現。

驢對危險相當警覺，因此在某些對自己有危險的情況下不聽人的驅使，顯得相當執拗，所謂「驢脾氣」。這種警覺性倒是挺適合做保安的，並且是那種有主見的保安。

現在見到驢的機會不是太多了。開奧運會那年在新疆哈密住了一段時間，鄉下的一位維吾爾老人，經常拉著一驢車的西瓜在路邊賣。拉車的驢媽媽旁邊跟著一頭小驢，在人來車往的嘈雜中，小毛驢像個拘謹的孩子。有人靠近時，躲在驢媽媽身後。你盯牠看時，牠似乎若無其事、無目的似地看向遠處。當你不在意牠時，偶爾一瞥中，會看到牠稍微側向你的頭。那神情和躲在媽媽身後、咬著手指、翻著眼睛打量陌生人的孩子十分相似。

作為動物，驢其實是一種看起來挺可愛的動物。三國演義中孫權因為諸葛瑾的臉長，在驢臉上寫上他的名字，可以理解成那是在誇諸葛瑾長的可愛。這樣說是有佐證的。諸葛亮是他弟弟，兩個人的長相應該差不了太多。三國上描寫諸葛亮初見劉備時給人的印象：「身長八尺，面如冠玉，頭戴綸巾，身披鶴氅，飄飄然有神仙之概。」難道差不多的臉，在弟弟那裡看起來像神仙，長在哥哥那裡就難看？另外，羅貫中在寫三國演義時，不知是否有意把諸葛亮和驢聯繫在一

起。你看劉備二顧茅廬時，遇到諸葛亮的岳父黃承彥騎驢吟詩地過小橋。諸葛亮後來的鞠躬盡瘁，死而後已，和驢的忍耐負重又有相通之意。

最不能讓我釋懷的場景，是有一年坐車路過離梁山好漢故鄉不遠的一個小鎮，小鎮上顯眼地掛著幾處驢肉招牌。當時遠遠看到路邊一頭驢頭上蒙了塊布，前面有個人在拉著韁繩。正在納悶這是要幹什麼時，從旁邊走來一人，摹地舉起手裡拎得一把鐵錘，照驢頭就是一下，可憐的驢咣當就倒在了地上。從此之後，不論誰再說什麼「天上的龍肉，地下的驢肉」之類的話，我是再也不沾驢肉了。這是有些偏執的做法，可想想一頭驢就像家裡的長工似的幹了一輩子，最後被錘死吃肉，心裡總是有個疙瘩。

更不要說從更高的層面上，驢可是為實現中國人的「諾貝爾文學獎」夢想做出過貢獻的，不信翻一下莫言的《紅高粱家族》、《生死疲勞》，還有《豐乳肥臀》，驢在裡面不是主角就是配角。不過話又說回來，要不是驢們對人活著死了的都有用，也不會有這麼多驢來到這個世界上走一回。動物保護者的善良應該弘揚，但我們以及動物都不是生活在一個完美的世界。在這個世界上，人和人的看法可以大不相同，相互理解和尊重是重要的。你可以不吃驢肉，但別人吃，也是一種權利。但願動物活著的時候對牠們好點，要牠們死時做得人道些。這大概就是對有關各方都說得過去的一個結果了。

這就是想養雞引發的預案和回憶。養雞牽扯到的工作有

建雞舍、建圍網、建「保安隊」。我的農場裡，靠近住房和果園有個小山谷是一個合適的地方。山谷有兩百米長，從谷底到穀口五十到一百米寬。如果在山谷底相對高處築起一個小水壩，在山坡上低於水壩的地方建雞舍，水壩中的水能保證雞的飲水，還可以沖洗雞舍。在低的地方平整出一小塊地方用來堆肥，更低的谷底平地，能用來種菜種花。雞場圍網可以與果園相接，秋季水果收完後直到冬末，雞放在果園或菜地裡除草滅蟲。兩三頭小毛驢一邊吃草，一邊保護著自己的地盤。山脊頂上，兩隻牧羊犬趴在地上，盡心地瞭望著。這算是理想中的一個計畫吧！

如果主人要外出度假了，可以使用看房服務來照顧這些生靈們。這種服務有些像看孩子服務，但你不需要付給幫你看房子的人報酬。看房子的人得到的是免費住在你的房子裡，同時幫你照顧寵物和花園。這些看房子的人，有的是自己在某個地方有家，但願意到處住住走走，有的乾脆就打算一直從一個家挪到下一個家地這樣免費住下去。當初聽一個朋友講，他在外出時就用這種服務，當時我還感到讓陌生人住在家裡是不是穩妥。朋友說，服務介紹機構一般會選擇合適的看房人，另外主人也能向他們原來住過的人家打聽。他每次外出都用這種服務，從沒有什麼問題，也避免麻煩親戚朋友。個人講信用，仲介機構提供些保障，原來用過同樣服務的人如實介紹情況，看似不太靠譜的一些事，當前在澳洲還能行得通。信用可以讓人省很多心，也能讓所有相關的人省很多錢。信用就是生產力，就是生活品質。

農場裡的「魚和熊掌」

第一次看到農場裡的兩個水壩時，就在盤算怎麼利用起來。養魚、養鴨、養鵝、種水生蔬菜想了個遍。

Post Card

MAIL

半畝方塘一鑑開，天光鴨影共徘徊

原主人說過，大水壩最深能有六、七米。裡面有紅鰭鱸魚，又叫赤鱸。其身體兩側各有五道黑色的豎紋，俗稱五道黑，在新疆有自然分佈種群。牠屬於兇猛肉食性魚類，習慣在黃昏及清晨覓食，既能以襲擊方式捕食小魚、小蝦，也用圍獵的方式來捕食。圍獵就是一群成魚對小魚、小蝦形成一個包圍圈，其中幾條魚衝進小魚蝦群裡，一些小魚蝦受驚脫離魚群，就被圍在周圍的大魚吞食。仔魚以浮游動物為食，

體長達四十毫米時，則開始捕食小型魚類，有時亦食些水生昆蟲和甲殼類。與在國內比較有名的國家二級保護動物兼美味的松江四鰓鱸，屬於同一個大家族。北宋范仲淹所做詩文《江上漁者》，就是有關松江鱸魚的：

江上往來人，但愛鱸魚美。君看一葉舟，出沒風波裡。

鱸魚不光好吃，其營養價值也值得一提。鱸魚含蛋白質、脂肪、碳水化合物等營養成分，還含有維生素B2、煙酸，和微量的維生素B1、磷、鐵等物質。鱸魚能補肝腎、健脾胃、化痰止咳，對肝腎不足的人有很好的補益作用，還可以治胎動不安、產後少乳等症。準媽媽和產後婦女吃鱸魚，既可補身，又不會造成營養過剩而導致肥胖。另外，鱸魚血中含有較多的銅元素，銅是維持人體神經系統正常功能並參與數種物質代謝的關鍵酶功能發揮的不可缺少的礦物質。

紅鰭鱸魚在大約 1862 年從歐洲引入澳大利亞，也是不知不覺中把自己混成了有害動物。2010 年新南威爾士州將牠列為一類外來有害物種。原因是牠們在一個封閉的水體內，能把別的原生和外來魚趕盡殺絕，然後是大魚吃小魚的自相殘殺。有一次在一個水庫裡放養了二萬尾虹鱒魚苗，在 72 小時內就被紅鰭鱸魚吃光了。另外一個原因是紅鰭鱸魚能攜帶和傳播「流行性造血器官壞死病毒」（EHN），人們懷疑是這種病毒在過去二、三十年，造成原生魚類數量持續下降的原因之一。

因為水壩裡有了這種好吃、營養價值高、但「有害」的

紅鰭鱸魚，曾經冒出來的養虹鱒魚的想法也就無疾而終了。試著當了幾次漁夫，在水壩裡投進了魚籠和魚鉤。除了魚籠裡捕到了十幾隻淡水小龍蝦外，沒見到任何魚的影子。假如在承認我的捕魚本事低劣和水壩裡沒魚之間做選擇的話，本事不濟往往是正確答案。以前和朋友一起到河裡釣魚，拿著大魚竿使勁向河中間甩鉤，半天也沒收穫。倒是當時八、九歲的兒子拿著一個小手鉤，魚鉤只扔出去三五米遠，不長時間，就在旁邊慢悠悠地叫：「爸爸，下面好像有東西。」幫他拉上來一看，是一條大魚；過一會又叫：「又有東西！」

　　澳洲的魅力海灘不少是垂釣的好地方。一說到海邊去散步，老婆眉開眼笑。一說去海邊釣魚，老婆就會意味深長地看看我。搞得我只好說釣魚是次要的，碧海藍天之間放鬆是主要的。馬三立的相聲裡，有個死要面子卻釣不到魚的角色，他每次出去釣魚，都吵喝著讓老婆給他烙糖餅；我老婆當時看著我的那張圓臉，在我眼裡彷彿就是一張大糖餅。在我的一次次的空手而歸中，還是兒子運氣好。有次在海邊棧橋上，用五澳元的學生魚竿，釣上來一條八、九十厘米長的小鯊魚。旁邊路過的一位驚奇的問兒子：「你用這個魚竿釣上來的？」兒子回答：「YEP！」那人一拍大腿：「我花四百塊錢買的杆都沒釣上來過！」看樣子此人回去後要去買學生魚竿了。這麼說來，跟我水準差不多的人還是存在的。小鯊魚被放回了大海，又一次的空手而歸中，兒子的釣魚運氣再次得到確認。也許兒子的運氣裡隱含著做人做事的一些道理，譬如：不要好高騖遠。

買地前的實地調查和買了地後的忙活，都沒引起兒子的興趣。直到有一天我說水壩裡可能有紅鰭鱸魚，他才有了精神，查了紅鰭鱸魚的垂釣方法，準備了浮漂線鉤。正在興頭上，被我一盆冷水潑了過去：「不想著幫你爹幹點活，只想去玩？」

農場的勞作對於我，和釣魚對於兒子，本來可以類比於「熊掌和魚」：原本全家可以兩者兼得，結果是我把家裡人應得的、更多的享受，變成了讓他們不情願承擔的責任。相得益彰的歡喜，搞成了類似兩敗俱傷的遺憾，同時也違背了最初的約法三章。到現在，我也不清楚水壩裡是不是真的有比又香又甜的小龍蝦更鮮美的鱸魚，還失去了「利誘」兒子對農場逐漸產生興趣，從而與我殊途同歸的良好機會。等到過後意識到自己的錯誤，再設法鼓勵兒子去釣魚時，他已經興趣索然了。兒子現在去了雪梨，農場也沒有給他留下更多美好的回憶，估計以後很難回鄉和我一起務農了。以後再遇到這種情況，要記住，讓家人高興才是最高原則。兒子！原諒你爹又犯了一次以自我為中心的錯誤。但願天下狼爹虎媽們，多以家庭幸福為中心，多尊重家庭成員的興趣和感受。畢竟大家都高興，才是我們生活的最好結果。

上了一堂「鴨子」課

有次到一家鄰居家去，看到他家有個很大的水壩。問他怎麼沒養些鴨子，他悠悠地說：「剛買這個農場時，我和你想的一樣。買回來了十來隻鴨子。等到往水裡一放，沒想到

都飛了。我老婆在旁邊看到，沒把天給笑下來。」說話之間還禁不住抬頭看看天，低頭歎口氣。多少年過去了，在他的神態中，當年的從看到鴨子拍翅起飛時的手足無措，到在老婆笑聲中的無可奈何，依然依稀可辨。

澳洲的自然環境，給不少原本是家養的動物，創造了圓牠們自己的田園夢的條件。所以有那麼多的動物抱著「此處不留爺，到處是留爺處」的信念，變成了野生的、或半野生的。在現在的中國，我們經常有的是「煮熟了的鴨子飛了」這樣有所謂或無所謂的擔心，在澳洲養的鴨子飛了卻是現實。在中國的水鄉，一幅美麗的圖景是成群的鴨子（最美的是白鴨子）在河面上浮動，歡快的鴨叫聲此伏彼起，趕鴨人（最好是一位紅衣少女）在小船上撐著竹篙。假如這種畫面變成了鴨群騰空而去，趕鴨人呼天喊地，美景也就成了慘景了。如果翻翻書，不難發現中國的家鴨曾經也能飛。根據就在唐朝王勃的《滕王閣序》裡的那對名句：

落霞與孤鶩齊飛，秋水共長天一色。

《百度百科》上有對這兩句的充分讚美，說這兩句包含了色彩美、動態美、虛實美、立體空間美，還有想像之美。美輪美奐地描敘了這麼多的美，卻有意無意地忽略了說明「鶩」是什麼。看一下《中國百科網》上的解釋，家鴨：

其馴化至少已有三千年的歷史。最早的文字記載見於中國戰國時期的《屍子》：「野鴨為鳧。家鴨為鶩。」

由此，跟彩霞一起在天上飛的那只孤鶩，就可以是一隻

不知從誰家飛出來的家鴨。王勃寫了錯字，或分不清「鳧、鷺」的區別的可能性是有，做為一個世家子弟，草根生活經驗不足也是必然的，但這種可能性不大。王勃在《滕王閣序》裡第一次提到野鴨子是「鶴汀鳧渚，窮島嶼之縈回」。古文賞析的書裡顯然也在試圖含混「鳧與鷺」的區別，注明「鷺」在這裡即指「鳧」，其實又何必在這裡費這個心機。「鷺」字用在這個對句中，比「鳧」字更押韻，從辭章華美的角度講，用牠更上口。再說，沒有定義說家鴨和野鴨的區別在於會不會飛，而在於牠們的主要食物來源和鴨窩，是在人的掌控之下與否，以及自己的肉體，是被人消化了，還是歸於了除人以外的自然。

想來情況是，唐朝那時候的自然條件和現在澳洲的情況差不多，到處鶯歌燕舞，滿眼青山綠水。家養動物們的自由度大，活動範圍廣。當時的人都知道家鴨也會飛，所以王勃用了「鷺」字，在當時飽學之士雲集的場合下，沒人站出來說：鴨蛋裡有骨頭。也沒有哪個自我感覺有些資格的學問家，拍拍王勃的肩膀說：「小王呀！你寫出了這樣的錦繡文章，真是高才。要是沒把家鴨子和野鴨子混為一談的話，可說是完美無缺了。」

到了現在，反而是我們這些越來越遠離生活本源的現代人少見多怪，把自己的思維禁錮在自己眼見的範圍之內，在杞人憂天地替古人圓這個場了。建議以後再有人做注釋時，應該直言：「『鷺』是家鴨。唐代時的家鴨、野鴨，就像現在我們能看到的家鴿和野鴿一樣，都能展翅高飛。在今天，

這種景象在進化比較落後，而且不斷反復的澳大利亞還能見到。」但是我這種草根的建議，估計不會有人聽。從來最難學進東西的人，不是那些斗大的字不識一升的人，而恰恰是那些真的、或自以為是的飽學專家們。究其原因，可能是自信，或者是自負，或者是腦子被太多地前提和假設所左右，而自己又沒有覺察。凡事多問個為什麼，少些想當然，在對事情本身探究時，也把一些看似合理的前提和假設審視一番。當然，也可能是我自己孤陋寡聞，一葉障目，拿著雞毛當令箭了。

鴨子吃草的本事，看起來比雞要大。牠們和鵝一樣，好像長得是直腸子：前面吃草，後面排泄，像個小加工機。有的書上說牠們有幽默感，莫非是指牠們高興時，一邊昂頭呱呱大叫，像人的縱聲大笑，一邊快速地擺動小尾巴？對沒接過地氣的人來說，對鴨子的瞭解，應該不會超出唐老鴨的形象。

澳洲的野鴨似乎比家鴨要多，有水有草的地方差不多都能看到牠們。見到公鴨、母鴨領著幾隻毛茸茸的小鴨，讓人看著挺溫馨。不論是在荒郊野地還是在城市花園，一旦有人停下來野餐，基本都會有野鴨或其它水鳥圍攏到近前，等著你餵食。專門商業規模地飼養肉食鴨子，好像也是近幾年才多起來，主要超市裡能買到整隻的鴨子，但一般是放在冷櫃底層角落裡。對於我這種想把牠們當除草機來用的人，如果我那裡草好，不用自己養，牠們也會飛來。草不好的話，自己養了，牠們也會飛走。昨天發生的鄰居和他的鴨子之間的

故事，今天的我就不想重複了。

鵝和「鵝」外的話

除了雞鴨，養鵝很可能是一個不錯的選擇。

不少人小時候在沒見過真鵝之前，可能就會背駱賓王的「鵝，鵝，鵝，曲項向天歌。白毛浮綠水，紅掌撥清波。」晉王羲之愛鵝，也喜歡養鵝。在他居住的蘭亭，他特意建造了一口池塘養鵝，取名「鵝池」。他認為養鵝不僅可以陶冶情操，從鵝的體態姿勢、行走姿態上和游泳姿勢中，體會出自然就是美的精神，以及書法運筆的奧妙，領悟到書法執筆、運筆的道理。他認為執筆時，食指要像鵝頭那樣昂揚微曲，運筆時則要像鵝掌撥水，方能使精神貫注於筆端。

鵝被認為是人類馴化的第一種家禽，牠來自於野生的鴻雁或灰雁。一種說法是家鵝是鵝類中的素食主義者，根本不會吃葷食，包括魚蝦等。牠們在水上優雅地游來遊去，只吃水生植物，藻類等，包括人為投放的飼料或青菜，最愛吃的是稻穀。另一種說法是鵝吃穀物、蔬菜、魚蝦等。難道人們養了四千年的鵝，連牠們的食譜都沒完全搞清楚？

對鵝的壽命也有明顯不同的說法。有一說是鵝的平均壽命是七十五年，多數介紹說鵝一般可以活二十八至五十年左右。另有臺灣的獸醫和教授認為：一般土雞的壽命大約是四、五年，鴨子約可活三、四年，鵝的壽命比雞、鴨長，大約可以活到八歲左右。鳥類頂多活到十幾歲，因為鳥類十幾

歲就相當於人類九十多歲，人類超過百歲的很少，鳥類也一樣。人們養了四千年的鵝，連牠們的壽命都眾說紛紜。從這點看，人類的知識寶庫中，空書架還是不老少的。

好在人們知道，鵝對吃的東西要求不高，耐寒、合群性及抗病力強；生長快，壽命較其它家禽長，體重四至十五公斤。遇到生人、或生人進出主人家門，就會鳴叫，甚至跑過來用喙撐上一口，這就是保護性或防護性的反應。

根據不同的介紹，鵝與天鵝及鴨是同科不同屬的遠親，鵝是由野雁馴化而來。成年公鵝體重五到十公斤，母鵝重四到九公斤，母鵝年產蛋數平均約四十個，有記錄的最長壽命是四歲左右。

考慮養雞時的一個擔心是雞的天敵多，鵝的體型比雞大兩、三倍，也比較兇猛。小時候見過幾隻鵝排成齊頭並進的陣勢，啊啊地叫著，向陌生人或狗逼過去。有的動物園裡養鵝，防黃鼠狼對一些較小的鳥類動物的傷害。在網上查鵝能不能對付狐狸，結果看到了以下精彩留言（http://bbs.hupu.com/11924145.html）：

【留言一】

今天回一趟老家，旁邊人家養了三、四隻鵝，因為在湖邊所以放出來到處走，尼瑪！哥剛經過那兒，一隻鵝就過來刁哥的腿，我踢了牠一腳，然後後面的幾隻都過來了，哥兒們心裡一想：幹不過啊！撒腿就跑，這幾隻畜生就攆了哥差不多一百米。

【留言二】

有一次在鄉間遇到一隻鵝和我裝，我就和鵝打起來了。趁著牠衝過來時一記飛腿把鵝踢倒了。當我正在慶祝勝利的時候。冷不防被鵝和一家的羊給頂倒了。

【留言三】

反正小時候總是被大鵝追著跑，不是一隻而是一群，直到後來我養了一條狗，我真是帶著復仇心理去的，於是我倆去對面野區抓野，準備反殺一波。結果牠們追起來，狗跑的比我還快，打那之後，我見到鵝毫不猶豫繞著走。

【留言四】

「大頭鵝，癩皮狗」，這兩個物件在以前鄉下，對於孩子們來講 BOSS 級的存在。後者你膽兒壯點拿個棍子照腰上掄就行，牠會怕。

麻痹大鵝不怕人好吧，也不怕打，你敢動牠，牠能扇著翅膀跳著啄你。小時候在外婆家，路過門口池塘，見鵝，爺我都低頭走的，你不能和牠對視你知道吧！你敢看牠幾眼，牠就低頭來了（大鵝低頭就是要幹架的意思）。

小時候老家過年，我連最喜歡的紅燒豬尾巴都戒了，專吃鹹鵝蛋，一來味道還不錯，二來解我心頭之恨！！

【留言五】

我記得小時候，去小賣店的必經之路上有一家鄰居養了一群鵝。

現在回想起來，真是感覺被牠們欺壓了這麼多年太不

甘心了。

小時候我是家裡最小的，因此也最受寵。零花錢比較多，所以去小賣店是我幾乎每天都去的。可無奈，每次都跟這群大白鵝相遇。用盡了各種辦法：拿棍子、牽狗、狂跑。

後來逼得我不能看牠們，你只要一跟牠們對視，牠們就高潮了。然後我就得百米衝刺的速度跑。每次路過那都低個頭像犯罪一樣，一直被欺壓了好多年。

【留言六】

新疆員警推廣養鵝防盜，稱「比狗好使」。

2013 年以來，新疆維吾爾自治區，沙灣縣公安局、交警大隊安集海中隊、東灣派出所等地，在農村的基層所隊，在加強人防、物防、技防、犬防的同時，將「鵝防」納入安防第一線。

沙灣縣公安局交警大隊安集海中隊中隊長張權勝介紹說：「家禽中鵝的警惕性非常高，聽覺器官非常敏銳，稍有風吹草動就會發出叫聲，大鵝很勇敢，看見陌生人進家門會張著翅膀叫喚著發起攻擊，某種程度上比狗好使。一般一家居民養一條狗，入侵者可以丟藥包子毒死狗，而鵝一養一群，其晚上視力不好，入侵者沒法餵藥，想要放倒很難。

為了提高預警能力，沙灣縣公安局正在一些偏遠派出所，積極推廣安防納入新成員「鵝」。

【留言七】

我的童年陰影啊！小時候有次夏天在水管子旁邊玩，鄰居家養的大鵝也在。然後我就手賤了，往牠旁邊扔石頭想把牠轟走。然後牠不慌不忙地走了過來，當時我蹲著，穿著短褲，大鵝居高臨下地瞟了我一眼，然後就照著我大腿狠狠下嘴了⋯⋯我當時就知道了什麼叫「疼的哭爹喊娘！」

看了這些比相聲還精彩的留言，對這些形象生動、言之有物的描寫很是佩服，對養鵝的興趣大增。在農場裡，鵝能同時起到雞、狗和員警的一些作用。遇到狐狸似乎也能走上三、五個回合。

至於鵝能不能對付蛇，則有不同的說法：

【說法一】

鴨和鵝之所以容易叫，是因為膽小，周圍有任何響動，牠們便會感到威脅，因此作出異常舉動。只有一種動物能制服這些呆鴨呆鵝，那就是蛇。鴨和鵝自然也怕蛇，而且是最怕，一旦有蛇出現，牠們也會驚醒，卻怕到連聲音都不敢出，除了縮在一旁瑟瑟發抖，沒有其他任何動作。（節錄自〈驚心動魄！盤點軍史上的動物軍團〉）

【說法二】

每到春暖花開，各種大大小小的五顏六色蛇偶爾就光顧我家房前屋後。雖然這些傢伙都不會主動攻擊我們，我們一家也不會傷害牠們，我們都只是把牠們趕回樹林去。但我們還是怕什麼時候不注意會踩到牠，為此，母親在兩年前從市場買來一對小鵝仔，想養長大了看家護院。因為

周圍的人們都說，鵝是蛇的天敵，有鵝的地方蛇就不敢靠近。當然，我沒親眼見過鵝是怎麼對付蛇的，只是養鵝以後，我家周圍確實不見了蛇的蹤影。（節錄自〈家有鵝公子〉）

【說法三】

彰化縣老張在園子裡養了十幾隻鵝。他說，過去農村有以土鵝「看家」之習俗，因此，他特地把鵝野放在住家旁的果園裡。這一群鵝可是一點都不呆，不僅動作靈活、警覺性很強，而且嗓門超大，只要有生人靠近，立即嘎嘎大叫，甚至還會張嘴吐舌發出「嘶嘶」的聲響，擺出攻擊姿勢，模樣相當嚇人。

老張說，他的園子因緊鄰水溪，所以蛇蟲特別多，夏天常見到蛇類出沒，老一輩子的人說，養鵝可以防蛇，傳說蛇怕鵝糞，因此，他毫不考慮的就將成鵝放養在果園內。鵝在果園遊蕩，也會啄食地面上的蟲子，對於雜草更是不放過，果園的果實鵝不會啄食，倒是雜草被吃個精光，鵝的糞便也成了有機肥。老張說，園裡養鵝當警衛、又可除草，最重要的是，不怕吃到有禽流感的肉品，真是一舉多得。（摘自〈佑睿 2012/6/13〉，有刪改）

【說法四】

蛇之所以怕鵝糞是因為鵝有強烈地域性。若某條蛇先前因進入鵝的地盤而遭受攻擊又僥倖生還，牠便會留意鵝糞的警訊，避免再次闖入鵝的地盤，相對的若那條蛇並無受鵝攻擊的經驗，鵝糞便完全起不了作用。（摘錄自〈天玄〉 2012/6/12）

【說法五】

相關單位曾做過實驗，以乾鵝糞做墊底材料，再放上錦蛇與眼鏡蛇，結果這兩種蛇並不會刻意避開鵝糞，蛇接觸到鵝糞後也不會潰爛或死亡，證明蛇根本不怕鵝糞。有些農家認為養鵝後，蛇類較少入侵，這是因為鵝的領域性很強，有攻擊性，經常成群行動且發出嘈雜的聲音，鵝也可能會啄蛇，蛇通常會避開鵝，由於養鵝就有鵝糞，才被誤認鵝糞可以防蛇。（摘錄自〈霓霓〉 2012/6/18）

中文網站上查到的資訊讓人莫衷一是，轉而向英文網站求助。沒找到理論上的證明，但有些人根據自己的經歷介紹了一些有用資訊：

【其一說】

鵝的除草本事是沒說的，買上兩隻鵝，你這一輩子都不用換「除草機」。讓牠們有個窩，保證有喝的水，經常餵牠們些糧食或剩飯，牠們會不停地幫你清除野草的新芽。你如果同時種了菜，也不用太擔心。鵝對你不要的雜草比對你種的番茄更有興趣。鵝夫妻一生不離不棄。

【其二說】

在你的花園裡你最不需要的動物就是蛇。我去世的祖母有個很好的花園，不少人跑老遠來參觀。她會在花園裡放上水，說是給蛇喝的。我問她為什麼。她說蛇吃危害花園的蟲子、老鼠，她覺得花園裡有蛇運氣好。我不喜歡蛇，但我也在花園裡放上水，那是為了追憶我祖母。同時我在花園裡養了鵝，這是為了保證別有那些滑溜溜的蛇。鵝會像吃義大利麵條那樣把蛇吃掉，牠們也吃害蟲和老鼠。感

謝上帝，牠們能吃這些東西。

【 其三說 】

都知道鵝能嚇跑和殺死蛇。當然養鵝也有不好的地方，譬如說糞便和噪音。蛇一般會給鵝讓道，因為蛇不屬於硬碰硬的那種的本性。鵝吃草和活動帶來的震動和噪音，會讓蛇感到不舒服和待不住。需要注意的是，給鵝餵的糧食會招來老鼠，老鼠的到來會引來蛇，所以別在外面給寵物或野生動物留食物。把蛇趕走最有效和持久的辦法，是把你的周圍變成一個蛇生存起來比較困難的環境，譬如讓牠們沒有藏身之處。天熱時，蛇喜歡陰涼潮濕的地方，這時要把房子周圍的石頭堆，不用的建築材料，叢生的雜草清理掉。檢查水泥路面，陽棚上下，房牆和地基有沒有裂縫。

【 其四說 】

家養動物，像鵝、鴨和雞，能殺死和吃掉大小合適的有毒和無毒蛇。因為看到不尋常的東西後，有圍觀和發出好奇叫聲的習性，火雞能幫人發現蛇。貓和狗有時候能殺死小蛇。豬滅蛇的本事大，豬那厚厚的皮下脂肪應該能讓蛇毒無法發揮效力。雖然沒有證據顯示豬吃毒蛇，但牠們能拱愛挖的習性，能破壞蛇的藏身之處。

【 其五說 】

鵝對蛇怕的要死。見到蛇的第一反應就是驚叫躲閃，以至於見到花園裡彎彎曲曲的水管都要拉出隨時逃跑的架勢。有次我把一段繩子頭扔進了鵝群，把幾隻鵝嚇得沒了命似的。

2009 年 7 月 30 日〈重慶晚報〉上，有一篇陳靜、符琳、史宗偉等發的報導「25 歲鵝壽星：會下蛋的命才長」。說的是一隻叫「葳葳」的鵝，陪伴了一個農村家庭的四代人，地址是璧山縣七塘鎮鹽店村二組韓宗元家。無獨有偶，臺灣也有一篇類似的報導（2006-09-26 記者莊育鳳／台西報導），題目叫「四十六歲鵝瑞，感情深厚如家人」，主人的姓名地址是雲林縣台西鄉姚清盛。

想養鵝，就要瞭解鵝，不然就可能給自己帶來一些「鵝」外的麻煩。

對於家鵝的自然平均壽命分歧真是大，說的又都是有根有據。按照去掉一個最高分七十五歲，再去掉一個最低分四歲多，平均值是二十歲左右。

家鵝的食譜：素食和粗糧為主，有條件的話也可能改善一下生活，來點葷的。不過由於過分注意優美的形象，抓魚、抓蝦的本事有些勉強，久而久之被人當成了素食者。

家鵝的自身防衛能力：對人和掠食動物，有「軟的欺、硬的怕」的傾向，不懼怕黃鼠狼之類。遇到狐狸時有一定自我保護能力，但需要有更強的靠山才安全，這也可能是鵝願意棲息在人的屋簷下的一個緣由。狐狸是個欺軟怕硬的機會主義者，鵝一叫，狐狸「打槍地不要，悄悄地進去」的機會就沒了，加上到了別人的地盤，擔心後面有狗有人。若是硬闖胡來，惹得人狗共怒地認真對付起來，以後的日子在這個地盤上就不好混了。估計夠聰明的狐狸一般會想：俺是來偷

東西的，不是來搶東西的，八成會先撤了再說。

家鵝與蛇的關係：與狗和狼之間的關係有得一比。生存空間上有重疊，身家或性命有可能受到對方的威脅，一個在明處，另一個在暗處。能避免正面衝突儘量避免，實在躲不過去時，拼死一搏或束手待斃都有可能。屬於「狗咬狼，兩家怕」的情況。

家鵝與人的關係：與人和狗的關係有近似之處。餵上一把食，搭上一個窩，人的家就成了鵝的家，把主人當成了頭鵝。

我的農場給鵝提供了一個揚長避短的環境，鵝具有不必爭議的除草、造肥能力，這是有益的事。鵝即使不消滅蛇，也會把蛇在深草中的隱蔽潛行之處給破壞殆盡，蛙、鼠等食物資源趕盡殺絕。有了這麼個隨地大便、動靜不斷、見面沒好臉色的鄰居，愛安靜的蛇忍受噪音不說，沒長腿的身體還要整天在糞便裡爬來爬去，能住得安生就怪了，這是為我做了除害的事。鵝不像雞狗每天都要餵食，給鵝準備上一槽子水，圈在一片草地上，讓牠們自己過幾天獨立生活問題不大，這是為我省事的事。有人提到的鵝的缺點，在我這裡也不算問題，糞便多正好讓我省下外購肥料的錢。最近的鄰居住房在上百米之外，遠的上千米，周圍牛叫、犬吠、鳥鳴聲不斷，混上鵝的叫聲不會太刺耳。既然方方面面都合適，養鵝的決心就下定了，接下來就是買鵝。

開始找鵝買，才發現養鵝的真是不多，而且價錢也高。

一隻籠養雞三至四澳元，一隻鵝三十澳元還買不到。最後一隻也沒買到，倒是有一個女士願意為自己養了多年的寵物鵝們找個新家。在拐彎抹角好不容易聯繫上她後，瞭解到她有十幾隻鵝，因身體越來越不好，只好送人，而不是要賣。這些鵝已經養了多年，有一對甚至是在她未成年時就開始養的，到現在已經有了十二年，聽出來對把鵝送人有多麼的不捨。當然領養人的條件要好，有水有空間自不用說，關鍵是對鵝要有足夠的愛心，另一個條件是她能時常來看她的鵝。一切條件都答應下來後，她說過兩個星期再和我聯繫，從此再無音信，顯見還是捨不得。

從開始查那些相互矛盾的資訊，心裡就有疑惑：鵝能下蛋，能殺來吃肉，養起來省心省糧，還能看家守戶。有這麼多的好處，可人們卻養得少，對牠們也不太上心，這裡的原因是什麼？這個原因查是沒處查，只好自己瞎琢磨。

一個原因可能是太積極主動。人把鵝引來，本來是把鵝當個家禽，像雞那樣受人的供養，奉獻蛋和肉就算做到了自己的本分。沒想到鵝一不要人照看餵食，二幫人除草幹活，更進一步還把狗看家的擔子也主動地承擔了起來。對於這樣一個從屬，主人第一次會很驚奇和感謝，第二次回說聲謝謝，第三次說不定感到這是正常現象。慢慢地這些「鵝」外的事情，變成了份內應該做的，偶爾有一次沒做或沒做好，反而變成了不正常，甚至要受到責罰。所以說，鵝失敗的一個原因是：鵝太好。假如你像雞、狗那樣要求主人天天餵食，吃的不好就掉體重、不下蛋，看到有異常情況，不是衝上去，

而是躲在主人後面尋求保護，讓主人有高大上的自豪感，說不定主人會對鵝加倍上心了。

鵝不太成功的另一個原因，可能是在落實「可親、可信、可用」三原則上做的功課不太夠。「可親」可以是因為血緣關係，這種關係打斷骨頭連著筋，在封建社會最重要。像那些皇帝們，明明知道自己的兒子不是當皇帝的料，也非要傳位給他。遠點的關係，像過去的同年、同科，到現在的同學、同鄉，首要的是讓人感到可親。一句話說「老鄉見老鄉，兩眼淚汪汪」。動物們要讓主人對牠們感到可親，中間的障礙不小。但牠們有自己的優勢，其中成功地拉近與人的距離的是貓，其次是狗。狗見貓就咬的主要原因，可能是貓舔人比狗舔得更好，所以狗不高興了。原本人馴化貓、狗是為抓老鼠和看家，現在有多少貓狗是為了這些工作的原因而幸福地活著？前文提到兩篇「長壽鵝」的故事，無一例外地強調了鵝成了主人家的一個成員，這就是「可親」的重要性。

「可信」能解釋成「一諾千金，誠實守信」，也可以是因為「同舟而不得不共計，環境所迫只好相信他人」，環境一變則另當別論。還興許因為同為一根繩上拴的螞蚱，跑不了我，也跑不了你。相互利用的價值一消失，說不定反目成仇，倒打一耙。

「可用」指的可以是「能幹成點事」，而不是能壞點事，需要時能指望上你，雇用你，是因為你能對得起你的工資等不同層次的用處。

在重要性的順序上，似乎傳統文化上應為：「可親、可信、可用」，現代文化可能是先「可信、可用」，最後考慮是否「可親」，就像一些公司是由職業經理人來管理一樣。

如果把這三個因素加上牠們的反面因素，即「不可親、不可信、不可用」，進行以下排列組合，揀著有對人在社會職場有用的，能羅列出八種不同的人或狀態：

第一，可親、可信、可用。這種狀態出現在劉備對關、張的關係中。

第二，不可親、不可信、不可用。這是曹操對被俘的呂布，孫權對被俘的關羽。另外的情形就是對人品低下，百無一用的人。

第三，可親、不可信、不可用。古代家族手藝傳而不傳女應該屬於這種情況。

第四，不可親、可信、不可用。曹操對於一心立功的蔣幹是不是有這種感覺？

第五，不可親、不可信、可用。諸葛亮對魏延的感覺比較貼近這種情形。魏延和陳式一起犯了錯誤，殺了陳式，饒了魏延，就是留他有用。

第六，可親、可信、不可用。這就是諸葛亮看馬謖被推出斬首時的心情了。

第七，可親、不可信、可用。 豬八戒動不動要回高老莊，取

經決心常動搖，可唐僧常常袒護豬八戒，孫悟空需要
幫手時，也能在邊上「放屁添風」。八戒最後沒當上
菩薩，原因多是他被劃分到了這類中。人與狗和貓的
關係中，相對於狗的忠誠，與人距離更近的貓，在原
來的家感到不舒服時，會跑到另一家去，貓應該也應
歸入這種類型。

第八， 不可親、可信、可用。魏徵有次給唐太宗提意見後，
唐太宗狠狠地說要找機會殺了這個鄉巴佬。後來魏徵
死了，唐太宗又哭失去了鏡子。這類「鏡子人」的特
點是：不論你醜俊和當時的偏好，我都會照實讓你知
道。但不管銅鏡或玻璃鏡，給人留下的都是冰冰冷冷
的一個印象，唐太宗對魏徵的感覺是這樣。劉備對魏
延，以致對趙雲的關係大概有這樣的成分。民間給三
國武將的排行是「一呂、二趙、三典韋、四關、五馬、
六張飛」。關羽也把趙雲看作兄弟，可趙雲在劉備當
皇帝後官位不高，也沒承擔什麼獨當一面的大任。有
文章說這是因為趙雲不堪大任，單打獨鬥行，統帥才
能不突出。可從三國演義裡看，似乎不是這樣。在荊
州時，關、張、趙分別去長沙、武陵、桂陽，趙雲幹
得比關羽漂亮；劉備當了皇帝之初，要分美宅肥田給
幹部們，趙雲勸他要聯繫群眾，聽起來頗有治國見地；
劉備後來要伐孫權，破壞吳蜀聯盟的基本國策，趙雲
又來勸諫，顯得見識很高。從這幾個片斷看，趙雲文
武上用處應該在關張之上。最終不被重用，還是應該

在可親上欠缺。這在趙劉見面之處就有了伏筆。當時趙雲對劉備說：「我以為公孫瓚是個英雄，沒想到草包一個。」趙雲年輕氣盛，對疏不間親的道理理解不夠。在人家多年的朋友面前議論領導或同事的不是，最壞的結果有可能是裡外都受損失。沒準劉備在勸趙雲忍耐一時的同時，腦子裡在想：「我和公孫瓚是朋友，他現在比我成功，在你小趙眼裡，他都是草包，那我算什麼？」這種想法一旦產生，內心的距離感就揮之不去了。具體表現就是後來趙雲把阿斗救回來後，出現了劉備摔孩子。而關羽費了老大勁把他的兩個老婆送回來後，沒見劉備上去先打老婆兩個耳光。關鍵還是對趙雲要多些面子上的籠絡，對關羽需要的是裡子上的表示。再看關、張，屬於不管好事壞事，大哥幹嘛，咱就幹嘛。趙雲多了些大哥幹我認為對的事，我就跟著；覺得不對的，我得想想再說。像劉備伐吳時，趙雲站出來提不同意見，親疏在這裡又進一步分開了。之所以在這個類型多費筆墨，是因為把自己看成是個完人或懷才不遇的人，大致都在這個類型中，包括寫《滕王閣序》的王勃。

話題回到鵝不太受重視的話題，鵝在人的心目中，難得能像狗、貓那樣達到可親的境地。狗貓到了人的家，就把自己當成這個家的一員，大人小孩都是主人。來了客人，只要看到主人對其恭敬有加，也跟著搖尾乞寵。鵝到了人的家也不把自己當外人看，家裡該來個什麼樣的客人也來置啄做

主，不喜歡的也不請示，就向外攥。這種擺不正自己位置的事，常常是主人不待見的，有時還會讓主人感到沒面子，可親就談不上了。人對鵝的稱呼常常加上個呆字，這能看出來人對鵝的不信任。好在鵝總是有些用處：肉蛋可食、除草勤快、兼職保安。對人來說，鵝可以歸入魏延一類的類型。

鵝的境遇還能聯繫到第三個原因，那就是本領雖然不少，但專業性不夠強。鵝肉好吃，但不像雞肉平和，適合的消費群體廣。民間有明朝的第一功臣徐達背上生了毒瘡，忌食鵝肉，一心想清除功臣的朱元璋偏偏賜給他熟鵝。徐達明白皇帝的意圖，含淚吃後毒發而死。現在不少人認為這個傳說沒有根據，但鵝肉在某些情況下可以是毒藥的名聲是跳進黃河，難洗清了。鵝蛋也有用，可一年才下幾十個。比不過專業的蛋雞，能保證穩定的供應。說到看家吧，狗和鵝發現情況後能一起報警，人一聲令下，狗嗖地撲過去，再喊一聲乖乖地跑回來。可鵝能這麼收放自如嗎？正所謂「一招鮮，吃遍天」，若是給別人打工的話，具備競爭性強的專業技能的人，會比樣樣通、樣樣鬆的人過得省心點。

羊倌也不是誰都能當的

在農場裡養羊是最順理成章的選擇。這裡一直都是在養羊，繼續養的話不需要任何額外的申請，圍欄的條件對養羊也最合適。從書上的介紹來看，羊糞是唯一一種不需要腐熟就可直接施用的動物性肥料。對我這個養殖門外漢來說，羊的大小合適，有衝突時，體力上應付得了，不會出現被羊追

得滿山跑的狼狽。

　　多少年前，澳大利亞被描繪成「騎在羊背上的國家」。剛和澳洲人接觸時，我也曾提起這句話以表示對澳洲的瞭解。得到的反映多半是擠出的笑容，其它是直接的辯駁，最後才明白不少澳大利亞人對這句話並不受用。這倒是類似於我們聽到有人把中國人與「紮辮子、穿馬褂」的形象掛起勾來時的感覺。

　　羊首次踏上澳洲大陸的時間是 1788 年，第一批隨船運來的是七十隻肥尾羊，這些羊全都是為了解決當時的吃飯問題。1797 年十六隻西班牙王室贈送給荷蘭政府的純種美奴利羊幾經周折來到了澳大利亞，這標誌著澳洲羊毛生產的開端。到 1890 年全澳洲有三萬四千隻羊。1813 年歐洲人布拉斯蘭 • 勞森經歷艱險翻過了雪梨以西六十多公里，阻擋歐洲移民向西推進的藍山山脈。廣闊的內陸，為澳洲養羊業的發展提供了極好的條件。1820 年羊隻數量是十五萬六千。到 1843 年達到一千兩百萬隻，而當時澳洲的人口數量是二十五萬左右，人均四十八隻羊。說那時的澳洲是「騎在羊背上」算是名副其實。

　　從 1960 年到 1985 年，澳洲羊的存養量大致在 1.5 億隻左右波動。最高的 1970 年存養量為 1.8 億，當時澳大利亞人口為一千兩百萬，平均每人十五隻羊。1990 年起，由於羊毛市場低迷，存養量持續下滑。到 2009-10 財政年度，降到了六千八百萬隻，這也是自 1905 年後存養量的最低點。這時的人口是二千二百萬，人均只有區區三隻羊左右。以這

麼低的人羊比率,再讓人騎在羊背上,就顯得澳洲人好像有虐羊傾向似的。

對比一下沒人管、沒人餵、有人趕、有人殺的野豬和袋鼠,兩者合起來和羊的數量已經十分接近。這也算是有「心栽花花不開,無心插柳柳成蔭」的別類詮釋吧!在這裡不禁想到一個可能屬於外行的問題:圈養比遊牧更好嗎?圈養能高密度養殖,方便添加輔助飼料,限制動物活動達到增肥的目的,再就是方便照看加屠宰。不好的地方呢?營養相對單調,基因選擇範圍有限,對人的依賴性強,病害集中,身體狀態下降。澳洲人少地多,沿海和山區植被豐富,假如打開圍欄,放任羊們去逐草而食,逐水而棲,挑中意的繁衍,視情況趨利避害,澳洲的養羊業會不會更興旺呢?從野豬和袋鼠的例子來看,沒準有可能。

一本書中寫到,動物們看似在漫無目的地吃草,其實牠們知道哪種草在何時吃最好。不論是出於本性還是自覺行動,也許是大自然本身的和諧規律,牛羊也是把草場有意識或無意識的分成幾塊,逐塊輪著吃。原來聽到過幾個現實的和流傳故事,說動物受了傷或中了毒,牠們就去吃一種專門的草。一些草藥的發現是人從動物那裡學來的。一旦被圈在了圍欄裡,動物們發揮自己天性的能力就大大受限了。就這麼大的地方,就這麼幾種草,愛吃得吃,不愛吃也得吃。本來動物想自己的事自己辦了,一被圈起來就什麼事情也辦不成了。人的世界也有這樣的例子。像被照顧周全的孩子長得弱。在一個公司裡,一旦規章制度多到一定程度了,所謂的

企業文化形成了，這個公司的發展勢頭也就慢下來了。如果這種企業文化有病毒隱伏其中的話，情況會更糟。

儘管偏向於在農場裡養羊，但自己養羊的經歷少的可憐，同時因為受到的教育和生活的經歷，對羊這種動物的一些特性有一種中性偏負面的印象。單看有關羊的成語，像：虎入羊群、羊入虎口、使羊將狼、羊質虎皮、替罪羊等，羊成了「可憐、無能」的代名詞。「掛羊頭賣狗肉」原本是說羊的好處，可用在這種地方，羊只好受狗的連累。人對羊的看法，從這些成語中大致能看出一個輪廓。前幾年少兒節目裡的「喜洋洋與灰太狼」賦予了羊智慧與勇敢，但那樣的故事只能是作為「天線寶寶」的續集。至於能起到多少教育作用，難說。

就像有個故事說的，老師給小朋友講了小羊不聽話，到處亂跑，結果被狼吃掉了。講完後啟發小朋友們：「要是小羊聽話不亂跑，結果會怎樣呢？」有個小朋友回答：「那就會被我們吃掉。」孩子的判斷力很多時候超過成人的預期，相對簡單的心靈，更容易看到事情的原貌。節目裡的小綿羊們相互幫助，設法躲避狼害有可取之處，但把狼打得滿地找牙就屬於誤導，而且屬於一種不會成功的誤導。本來羊就是羊，牠們在漫長的生物演化長河裡，不但沒有被淹沒，反而能變得種群龐大，應該算是生命的寵兒，有很多值得其牠動物借鑒的地方。但人就是這樣，對喜歡的就貼上個「好」字，對不喜歡的就是一個「壞」字。對好的有時不惜連編加造對說它好，對壞的就生拉硬扯地說人家怎麼不好。

　　自然中，羊保持種群不滅的辦法靠的是數量，相互守望，看誰跑得快，跑得巧。也是靠丟掉病弱的個體，使優質基因傳下去。在一個羊群中，存在著地位差別。地位高的羊可以先吃到好草，能棲息在羊群中心位置。在週邊的羊往往是地位低的羊，牠們也最容易受到攻擊。

　　在以弱肉強食的森林法則對待羊時，人們關注的是牠們的肉。現在有些研究已經開始對羊、牛等動物的內心世界進行探索和觀察。有次，觀察者看到兩百多隻小羊羔被圈起來做免疫處理，母羊們在外面咩咩亂叫。觀察者認為小羊放出來後找母羊會有一場混亂。沒想到小羊奔湧而出後，在不到三十秒時間內，羊母子們就團聚完畢了。就是做為一個人，想在髮型一樣，服裝一樣的孩子群裡找到自己的孩子，恐怕也難得這麼快吧。有位叫 Keith Kendrick 的教授說：羊能至少分辨五十隻羊和十個人的面孔，這個時間跨度能達到兩年。其牠的一些研究提出羊和其它哺乳動物一樣有喜怒哀樂，在這些方面牠們和人類沒有根本的差別。

　　我極不情願殺自己養的羊。這是一個在考慮是否養羊時犯的一個糾結。直到把養羊和種果樹和蔬菜聯繫起來，這個糾結才算解決了。羊將來在農場的作用就是把草地裡的荒草吃乾淨，幫我減少山火風險。把吃進去的草變成羊糞蛋蛋，省下我買肥料的錢。在我和其他幾個農場的人談論我學來的生態農業做法時，他們說：「我們也不吃自己養的牲畜。但我們把牠們賣了，讓別人去該怎麼辦就怎麼辦。」聽起來比我「偽善」多了。不過人畢竟要為自己的生活著想，雖然對

動物的愛和善有些虛，但不論多少，有善有愛就應該鼓勵。

親身接觸羊的經歷，可以回溯到在小時候回老家看奶奶的時候。當時農村裡家家養雞、養豬、養羊，自己解決動物蛋白質來源。雞在自家院子內外轉悠，豬整天關在圈裡，只有在一年沒幾次的起圈肥和給豬圈墊新土時，才能出來放放風。這時從豬那哼哼的低叫聲中，彷彿能聽出牠的享受和滿足。這種時候，豬的脾氣似乎也變好了。那時調皮加膽小，見了毛驢、牛不敢騎，趕緊躲，更不要說騾子和馬了。這時見到豬高低合適，肩寬背厚不咯屁股，忍不住就去騎。這時就聽到大人一聲喝斥：「別騎！騎豬爛褲襠。」聽到別騎時，還想爭辯，再一聽要爛褲襠就趕緊作罷了。所以要教育孩子，不要干巴巴地批，干巴巴批的結果是這次不幹了，下次一眼看不到更會去幹。根除毛病的好辦法，就是要在明確表明態度後，再跟上一個孩子聽得懂利害，又似是而非，不容易考證的理由才見長效。等孩子長大後，明白這種理由是多麼荒唐時，已經過了對類似惡作劇有興趣的階段。

家裡養的羊比豬要幸福些。各家各戶的羊由生產隊指派的羊倌統一放牧，羊倌不用下地出力，每天搖著個鞭子跟在羊群後面遊山玩水的。勤快點的背個糞筐，揀的糞倒到自家自留地裡。這個看似簡單的活，並不是每個人都幹得了的。地與地，村與村緊緊相接，上百隻羊一錯眼的功夫就能把莊稼啃兩口。要是啃了鄰村的莊稼，麻煩更大。羊倌除了吆喝、鞭趕，有個聽話的領頭羊，必備的本事是石頭土塊扔得準。看到哪隻羊剛要離群，一塊石頭扔過去就給打了回來。在電

視劇「亮劍」上獨立團練兵，其中一個科目是誰能把手榴彈投進遠處的筐子就能到伙房吃肉。其中一位一投就中，政委問他什麼來歷，回答說：「俺在家是羊倌。」看看澳大利亞的羊倌們，四輪摩托，越野車，地方再大點的用直升機。最不濟的也是騎馬、帶狗。陣勢大的像蘇軾《江城子‧密州出獵》詞裡寫的：左牽黃，右擎蒼，錦帽貂裘，千騎卷平岡。

老家裡的羊常不常地在晚上歸圈後，領回家開點小灶。到生產隊羊圈裡，人認羊，羊也認人。替牠們扒拉開擋路的羊，家裡的幾頭羊自己擠出來，上坡下坎地跟你走。回到家，水槽裡撒把鹽，地瓜乾、玉米粒向地上一撒，羊們看起來就有了家的感覺了。

像幾乎所有的小動物一樣，小羊的咩咩叫聲讓人感到的是可愛和憐憫之情。這種帶著顫音咩咩聲才是正宗的嗲聲嗲氣，不像有些人拿腔作調地學起來，聽的讓人皮膚發癢，汗毛直豎，全身上下滿是雞皮疙瘩。小綿羊的性格很溫順，而小山羊的活潑好鬥與生俱來。有次抓住羊的小角向後推牠，小山羊立刻四腿蹬緊，和我頂起來。直到把牠的角放開，還盯著我看了一會，大概確信我確實服輸了，才扭頭走開。澳洲現在養山羊的不多，原因是牠們能鑽能蹦不太好圈，加上不長好羊毛。估計野生山羊比家養山羊數量要多。沿著新南威爾士內陸公路進南澳洲，沿途路邊能見到很多野山羊。

最後與老家養的羊的交集，完全是件傷感的事。當時回老家去探望已經病入膏肓的奶奶，估計是老人家把自己養的羊殺了，招待陸續趕來的親人。看到我對桌上的羊肉不動筷

子。臥在土炕上的奶奶讓姑姑把她托著半坐起來，勉強抬起一支手臂，嘴裡上氣不接下氣地叫著我的小名，連說：「你吃，你吃啊！」多少年過去了，此情此景，刻骨銘心。為人子人孫者，盡自己的能力和精力去關心和孝敬長輩們吧！對孩子照顧不週，以後還有機會補救。對老人若沒盡心，機會可能永不再來了。

要養羊，首先要決定的是養哪種羊。也就是養剪毛用的羊，像美奴利羊，還是肉用羊，或者是毛肉兼用羊。和內行請教時，得到的回答是，美奴利羊有兩個收入來源：毛和肉。而肉用羊只能靠賣肉了。

乍聽起來，美奴利羊是一個不錯的選擇。吃進去的草在羊肚子裡加工分離，吸收了的變成羊毛，剪了又長出來。排出來的羊糞給果園提供肥料，一隻羊就是一個永動加工廠，從頭到尾零排放。有這等好事的另一面是工作量比較繁雜。

建立羊群可以委託仲介機構從牲畜拍賣場或私家牧場購買。他們對行情和羊的品質都是內行，一般的問題瞞不過他們的眼。這個圈子不大，大家對信用和名聲看得還是比較重。一旦口碑不好，混下去就不太容易了。即使仲介有意無意地有些失誤，我這個外行一時半會也不會看出來。通過可信的朋友找到個靠譜的仲介，大概是我在風險控制上能做的事了。把自己力所能及的事情做到家，對超出自己掌控範圍的事情，試著用借力的方式。

與養美奴利羊接踵而來的課題是怎麼剪羊毛。澳洲有一

首比較有名的老歌，叫「羊毛剪子哧哧響」。中文配的新詞
是：

河那邊草原呈現一片白色，好像是白雲從天空飄臨。

你看那周圍雪堆像冬天，這是我們在剪羊毛、剪羊毛。

潔白的羊毛像絲綿，鋒利的剪子哧哧響。

只要我們大家努力來勞動，幸福生活一定來到、來到…

　　歌曲的曲調輕鬆歡快，很適合小朋友連蹦帶跳地唱。但
英文原詞講的可沒這麼詩情畫意，裡面唱的是老的小的剪毛
工怎麼工作，指望拿到工錢後去喝酒，人性化十足。中文的
新詞雖然像詩，格調也顯得昂揚向上，但坦率地講澳大利亞
剪毛工人說不出這樣的話；換句話說，就是挺脫離現實的。
原歌詞中很多鮮活的資訊被完全抹掉了。把一個有人物、有
動作，有生命的立體場景，變成了一幅看起來美麗、但平平
的、冷冷的畫。這種對比就像前面提到的「奈德・凱利」
鮮活的原話，和平鋪直敘的歷史書之間的差別一樣，這種改
詞犯的是一個美麗的錯誤。

　　網上看到一篇「行者老孫」的旅遊部落格，介紹的是在
西藏阿里地區看到的剪羊毛的場景。圖文並茂，一目了然。
其中說到剪羊毛是牧民們團聚的日子，大人相互幫助幹活，
孩子們難得一聚地玩耍。待到看見剪羊毛的照片，不禁啞然
失笑。待剪的山羊綿羊被放翻在地，四蹄緊捆，牧民手持大
剪子，坐著小板凳，哧嗒哧噠地剪。看那個架勢，「羊毛剪
子哧哧響」的節奏對他們來說肯定是太快了。

以美奴利羊為例，澳洲剪羊毛的八小時單人記錄是466隻，差不多一分種一隻羊。雙人組紀錄924隻，三人組1289隻。2015年2月，九小時時間內，電動工具剪毛紀錄是530隻。一般來說，剪一隻羊的直接合同工資是2.81澳元，外加上交通、食宿、管理等費用，剪一隻羊的總費用在7澳元左右。愛講價的有可能把價錢砍下幾毛錢來，但便宜有便宜的原因，譬如剪毛工人的速度比較慢，這樣主人的間接費用可能會增加地厲害。明顯感覺得到：幹活好的，要價高，活多；不好的，要價低，但活難找。主人看似付了高價，其實在總費用上省了，這是一個健康市場應有的現象。

就像中國過去的麥客一樣，哪裡有羊要剪毛，剪毛工人就到那。在第二次世界大戰期間，英國政府收購了澳洲全部的羊毛。為了保證羊毛生產，剪毛工人未經許可不准參戰，看來曾經也是一個稀缺職業。說起剪地有多快很容易，其實這是個很辛苦的活。有統計顯示，剪毛工工傷數量，佔整個農牧業工傷數量的15%。剪毛速度高，需要的是體力付出，同時也是工人們不斷總結操作技巧的結果。

有一種叫Tally-Hi的剪毛方式，把一隻羊的剪毛過程分成了七步。整個剪毛過程比較流暢，羊也相對舒服。使用熟練後，剪一隻羊的時間能縮短30秒。

這種辦法的起式動作是：左手向上托住羊頭，這樣羊比低頭姿勢時能用的力道就小了。隨後將羊頭向後側別，右手同時向下按羊的後胯。這時羊會側坐到地上。此時迅速用手抓住羊的前腿，人就勢後退半步，這時的羊就屁股著地，半

躺在人的兩腿之間。羊的身體重心落在的地和人身上，四條細腿朝天，無處借力，只好聽憑擺佈。

起式完成後，正式開剪。先剪的是羊的腹部，這裡的毛髒，品質不好，剪下的毛由輔助工及時掃到一邊。第二步是將羊向右一擰，使羊身體右側著地，剪掉羊左後胯部位的毛。第三步是人的右腿站在羊的前後腿之間，左腿夾住羊背，剪羊脖下方和左側。第四步是把羊放躺，人的右腿站在羊的兩條後腿之間，左腿別住羊的兩條前腿，剪掉羊左肋部分的毛。第五步，將羊的四條腿夾在人的兩腿之間，剪羊背部的毛。第六步，人的兩腿夾住羊的背腹，剪右側上半身。第七步，右側肋部和後胯部位。

不厭其煩地介紹這個過程，不是指望你看懂怎麼剪羊毛。我在看剪羊毛時，腦子裡浮現的是金庸武俠小說裡描寫的「淩波微步」和中國武術的擒拿法。剪毛工的手眼、身法、進退。大到借力用力地將羊別來翻去，小到腳背一墊羊腿使其無法蹬地，中國武術的思想和技巧的影子在剪羊毛的過程中不時閃現。各個動作順暢連貫，簡單實用，沒有花架子，沒有廢招式。不知將來會不會出現一種「剪毛」武術流派。有志的武術愛好者不妨來澳洲學學剪羊毛，鬧不巧有朝一日成為新流派的開山鼻祖。即使是跳舞蹈的也應該來看看，說不定在動作設計和編排上能得到一些啟發。

如果把澳洲剪羊毛的方法介紹到阿里地區，算不算是件好事。用澳洲的方法，阿里的牧民不必請人幫忙，自己家的幾百隻羊一兩天就能剪個遍。可從另一個角度想，這種忙有

不少副作用。曾經有個澳洲公司到非洲開展業務，看到村裡的當地人每天早起到很遠的地方取水。做為融入當地的一項公益工作，公司出錢修了輸水管，給各家安了自來水。在接受完當地人的感謝後的日子裡，助人為樂者逐漸感覺到當地失去了什麼。原來村裡人去遠處取水，相互結伴而行，路上三五成群，絡繹不絕。一次取水下來，有關全村的大事小情變的你知我知，感情交流自然完成。可有了自來水以後，路上人少了，村裡安靜了，一種原有的文化和生活環境被改變了。在減輕當地人勞作方面，公司的這項引水工程無疑是做到了點子上。也許他們應該同時建個社交活動場所，讓村裡人有個交流的機會。想想國內的高樓社區，綠樹草坪，房子也好，環境也好，卻難得見到有個坐下來聊聊的長凳，聚聚的空地。都說鄰居對面不相識是人情薄，在窄窄的樓道和人行道上，你能有多少機會遇到住在周圍的人，又有多少時間站在那裡輕鬆地聊上幾句家長里短。更不要說來個鄰里聚會了。如果把澳洲剪羊毛的辦法介紹進阿里，對於平常只能見到家人和牛羊的孩子們，去和別的孩子一起玩玩，相互交流和學習的幸福可能就要受影響了。

　　曾經看到在澳洲牧場或農場旅遊的一些遊記。裡面常有看剪羊毛的片斷，基調都是喜悅歡快的，說的是小羊們真聽話云云。剪毛一方面對羊有好處，另一方面可能也不舒服，一個不太確切的類比是人得病打針。

　　人們培養出的產毛羊，毛長的越多越好。一般一隻羊一年長的毛重量能達到五公斤。若不定期剪，毛會不斷地生

長。澳大利亞的動物保護者曾發現了一隻估計有五年多沒剪毛的羊。發現牠時，牠走起來已經很困難。整個剪毛過程費時 42 分鐘。從這隻羊身上剪下的毛是 40.45 公斤，差不多和奈德・凱利身著的盔甲一樣重，毛長 40 多厘米。這個重量打破了由一隻紐西蘭羊創造的 27 公斤的世界紀錄。剪了毛以後，這只羊的體重是 44 公斤。若再拖一個夏天，這只羊估計存活下來的可能性不太大。從這個方面說，羊需要人來剪牠的毛。

猜想著說羊剪毛不舒服，是根據羊被人踢來搬去，特別是那些側仰或全仰的體位。羊，這裡說的是綿羊，四條細腿支撐著身體，重心離地高。在因為身上毛多，懷著小羊或者太肥而身體變重後，一旦摔成或不小心滾成四腳離地，牠就沒辦法自己翻身再爬起來。身體重，一身又厚又軟的羊毛，再加上腿沒處借力，只好在那裡四腿亂踢，嘶叫求救，聽天由命。這種情形我是來澳洲以後才聽說的，想像中有些像烏龜被翻成肚皮朝天的樣子。羊的這種情況有一個專門的單詞：cast。

這個體位對羊來說是生命攸關的時刻，牠有可能被天上地下的掠食動物生吃活剝。即使不那麼淒慘，若不能及時把牠翻過來，這種反芻動物的胃裡會逐漸產生大量氣體，使胃變大變硬，壓迫呼吸和血液循環系統，導致死亡。天熱的時候，死亡能發生在幾小時裡。若老天有眼，這種情況出現在天陰下雨的日子裡，羊能掙扎著活幾天。有經驗的牧羊人在發現自己的羊少了後，往往第一反應就是：我的羊在哪仰著

呢？發現有這種情況的羊後，要先給牠活動活動腿，幫助復原點血液迴圈。然後慢慢滾或翻起來，扶著牠站一陣，待牠恢復平衡後再放手。

雖然我不是羊，不知道羊是怎麼想的，但照這麼揣測，羊應該是對腿不著地有恐懼感的。而剪羊毛的一個關鍵要領就是「讓羊腿不著地」。所以說在剪羊毛時，羊看起來的溫順配合，更可能是一種無可奈何。在看剪羊毛的遊客們滿臉喜色，忙不迭遲的拍照中，說不定羊在斜看著這幫人，心裡想：笑什麼笑，沒看見我這裡正難受嗎？

狼吃羊，盡人皆知，但澳洲的蒼蠅吃羊不知有多少人知道。澳洲的天氣偏乾燥。除了沿海空氣濕度比較大外，大部分地方鮮見水源，蒼蠅需要利用一切潮濕的地方。在戶外的電視採訪中，經常看到受訪者一邊說話，一邊不停地趕臉上的蒼蠅。我在農場裡幹活，經常也是蒼蠅圍著轉。在給櫻桃樹架防鳥網時，手持挑杆向高舉，嘴不自覺地張開，有時蒼蠅就會飛進嘴裡。反應快時，趕緊吐出來。慢了，蒼蠅鑽進嗓子，就只好不自覺地咽下去，不然更難受。2014 年有個英國電視評論員在吞了蒼蠅後繼續播報，有人稱他是最敬業。在澳大利亞野外像我這樣吞蒼蠅的人有的是，也沒聽說誰這麼受讚美。很多事情都是不在於你幹什麼，而在於你是誰。

第一次咽進蒼蠅時，心裡不舒服了一、兩個小時。這倒不是因為嘗到了活蒼蠅的味道。蒼蠅一飛到嗓子眼，就像人參果扔進了豬八戒的嘴裡，咕嚕一下就下去了，什麼味道

都沒有。感到的不舒服,基本上是自己的心理反應。就像很多事情都是不在於事情本身,而是在於當事者怎麼理解這種事情。有個夏季到一個著名的小鎮,晚飯後走在街上流覽風景。突然天上落下一些水來,撒在身上。當時的反應是對著樓上高叫,但沒人搭腔。憤憤然離開後,看景的心情所存無幾。直到同行朋友中有人說是空調的冷凝水滴下來,心情才恢復過來。所以,很多時候,事情本身對你的影響有限,影響更多的是你自己對事情的想法與看法而已!美國社會心理學家費斯汀格(Leon Festinger)提出過一個說法,被人們稱為的「費斯汀格法則」:生活中的10%是由發生在你身上的事情組成,而另外的90%則是由你對所發生的事情如何反應所決定。換言之,生活中有10%的事情是我們無法掌控的,而另外的90%卻是我們能掌控的。就像在擁擠的人群中,有人踩了你的腳,你若能想到別人不是故意的,事情也就過去了。若是不這麼想,跟上一句「你沒長眼?」,八成就變成了一場惡仗。儘管標上的百分比更多的是為了強化他的意思,但在生活中發生的很多事情中,當事人的反應,對最終結果是向好還是惡化發展意義重大。

蒼蠅對人來說只是一種騷擾,對羊就屬於一種威脅了。羊的後屁股部位溫暖潮濕,有厚厚的羊毛和大大的尾巴遮蓋,這裡就成了蒼蠅下卵生蛆的理想場所。蛆蟲用蛋白分解酶不斷吃掉羊的皮肉,若不及時治療,羊會慢慢死掉。據估計,蒼蠅每年使澳洲的養羊業因為羊隻死亡、致病和治療而損失一億澳元。現在防治的主要辦法,有在羊小時候就把尾

巴截斷，每年定期把羊屁股周圍的毛剪掉，再加上藥物治療等。這些工作都需要把羊圈進圈裡，逐隻進行。

其牠的一些羊圈工作還有給羊：泡腳，治療爛蹄病。泡澡，治療寄生蟲和感染。體檢，瞭解營養狀況，是否受孕等。辦戶口，按規定所有的牛羊都要有註冊，將來一旦有疫情或食品安全問題，能夠追溯到最初來源。這些身份牌都打在牛羊的耳朵上，上面有出生牧場的編號。牌子不同的顏色代表不同的出生年份，但粉色牌子不在其列。如果一隻牛羊帶粉色牌子，就說明牠不是出生在現在的牧場。另外還有防疫、產前檢查、稱重等。

看到工作量這麼多，一個新手如何應付得了。看來這個剪羊毛的錢也不是捎帶著就能掙來的。現在替代品越來越多，羊毛的市場佔有率和價格前景堪憂。一件事情如果不能做到像其他人那樣的多快好省，成功的希望就不大了。想到這些，養美奴利羊的心氣就泄了大半。

順帶說幾句題外話，銀行業和經濟界也有個名詞叫「剪羊毛」，就是有錢的人們先投入大量「熱錢」，抬升價格，等泡沫吹大後再將熱錢抽走，造成價格暴跌。然後再以極低的價格收購，再賺一筆，前幾年的「蒜你狠」有類似的影子。股市裡把價格先抬上去，再讓牠自由落體下來，再來兩個上下反覆，也像是在「剪羊毛」。這些年房價猛漲，「剪羊毛」的小機會不斷，大機會應該也不遠了吧！但願這種做法以後少點出現，讓大家多幾天安生的日子。羊毛可是出在羊的身上，羊長毛，首先是為了保護自己的身體，剪得太狠把羊都

要剪死了，以後再到哪裡去剪毛。自己發財的時候，注意不要竭澤而漁，不是有句話叫「盜亦有道」嗎？

後來連查帶問地知道了有兩種常見的肉食羊。一種叫 Wiltipols，另一種叫 Dorper. Dorper 羊，還分一種是全身白毛，另一種身上白毛，唯獨頭和脖子部位的毛是黑色的，長得有些滑稽。這種類型的羊短而少，並且自動褪毛，從而省去剪毛、防蠅等工作。

Dorper 這個雜交品種上世紀三十年代出現在南非，1996年引入澳大利亞，公羊體重達 90 至 120 公斤，母羊 50 至 80 公斤。在各個品種中，Dorper 羊對不同的環境適應性強，增重快，抗病性強。在過去的時間裡，由於乾旱和羊毛價格的不斷走低，使得飼養美奴利羊變得越來越不經濟。很多牧場不得不賣掉他們的美奴利羊群。這對於一直、甚至家裡幾代人都在飼養美奴利羊的牧民來說，看到最後一批美奴利羊離開自己，是十分痛心的。但財務上的壓力下，他們只有另尋出路。Dorper 給牧場帶來的效益比較明顯，因此存欄量增長速度很快。在這種有些無奈的心情和選擇下，有些人把 Dorper 羊稱做養羊業的甘蔗蟾蜍。

甘蔗蟾蜍是一種主要在陸地上生活的大癩蛤蟆，體型碩大，平均可達 1.8 公斤。在牠們的背部能分泌出奶白色的毒液。毒液是牠們自衛或捕食的武器，對人不會產生致命傷害。和狐狸、兔子等動物一樣，甘蔗蟾蜍是澳洲生態不斷重複的另一個昨天的故事。1935 年為了控制土生土長的甲蟲對新興經濟增長點甘蔗種植的危害，由聯邦、州和行業聯合

資助的澳大利亞蔗糖研究機構的前身，引進了甘蔗蟾蜍。當時在昆士蘭州首批試放了 102 隻幼體。到現在估計有兩億多隻在澳洲東北部的大地上歡蹦亂爬，並以每年 40 到 60 公里的速度向外擴展，現在已經到達了距離最初試放地點二千多公里的西澳大利亞州，足跡差不多遍佈了五分之二澳洲土地。

也許是澳洲的食物資源太豐富，在別的地方甘蔗蟾蜍對危害甘蔗的甲蟲有控制作用，引進澳洲後，甲蟲數量沒見減少，卻引發整個了生態系統的波動。在一項調查中，研究人員測算了三種以蟾蜍為食的捕食性澤巨蜥，以及作為澤巨蜥捕食物件的赤胸星雀的數量。在五年的時間裡，蟾蜍消滅了約一半的澤巨蜥。這對赤胸星雀產生了連鎖反應：倖存下來的雛鳥比例從 55% 增至 81%。現在甘蔗蟾蜍早已成為一個令人頭疼的，沒有好辦法控制的外來物種入侵問題。有人在試圖另闢蹊徑，把牠們做為一種資源利用起來，譬如做成液體肥料，用牠們的皮做成小手袋。另一些奇葩的有當做高爾夫球來打，和像賽馬一樣舉行蛤蟆比賽。最初挑起這個麻煩的昆士蘭州，甚至把甘蔗蟾蜍列為了該州的標誌之一。在不同的分類項下，同時列為標誌的有大堡礁、農展會、野狗護欄、飛行醫生，和布里斯班市政廳，以及好吃的大泥蟹。把一種又醜、又有毒、又不受歡迎的外來戶，選為一個州的標誌之一，真是一個用單一價值觀無法衡量的結果。這在一定程度上反映出澳洲人多元的價值取向，和對不同事物有相對寬鬆的包容態度。不知以後有沒有人把甘蔗蟾蜍皮做成中

藥，把沒毒的肉冒充牛蛙肉端上餐桌。

把 Dorper 羊比做養羊業的甘蔗蟾蜍，雖沒有確鑿的事實證明羊有同樣的危害，但感覺上對養牠們產生了些顧慮。現在我的地裡已經長著有害的荊豆，再來個萬一將來不太受歡迎的動物，這裡豈不成了澳洲生態災害的縮影。據養 Dorper 羊的人說，這種羊力氣相對比較大，能鑽能拱，對圍欄的要求也高些。飯要一口一口地吃，事要一件一件地做，本事要一點一點地學。自己養羊這件事，向後放一下再說吧！

造不成反的秀才還有點可憐的用處

到處打聽，自己盤算了半天，最後還是下不了養羊的決心，看起來好像白花了時間和精力，顯得自己也像是在紙上談兵，秀才造反。其實愚者千慮，終有一得。在這個過程中，我的收穫至少有兩個：一是屬於「空對空」，想出了《狼圖騰》小說中，小狼和狼群在得到獵物後轉圓圈的可能原因；二是屬於「地對地」，知道了原來不用自己養羊，也能得到養羊的多數好處。

《狼圖騰》中有兩段狼轉圈的描寫。一段是知青第一次給被抓回來養著的那條小狼扔了一隻完整的死兔子，小狼圍著死兔子不停地轉圈。第二次是狼群把牧場精選出來的軍馬群趕進泥潭，第二天人們看到冰凍的泥潭上，狼群圍著死馬周圍轉的光禿禿的圓圈。事實加上作者妙筆的渲染，讀到這裡我的感覺是有些毛骨悚然，疑惑著狼是不是真的通神，或

者是生命中的一部分來自於人類無法理解的四維世界。在糾結著要不要自己養羊的過程中，有次看到了圍欄裡圈起來的羊對中間站的人的反應。當時人站在一個封閉的小圍欄裡，羊們自動地躲開人。但這種躲閃並不是雜亂無章地東一隻，西一隻，而是圍著人，在一定的距離外形成一個圓圈。當人站著不動時，圓圈小些。人一動，羊向後閃，圓圈變大些。出現這個現象的原因，一是羊和其它很多動物一樣，有一種安全距離感。這種距離因羊而異，一般跑得快，身體壯的羊對安全的距離要求短些，小羊，弱羊安全距離長些，這個距離是可以觀察出來的。當你迫近一隻羊時，牠跑開一段距離後，停住，回頭看你，這就說明牠和你保持這個距離感到比較放鬆。產生圓圈的另一個原因就是羊群效應，受驚四散到一定距離，有膽大的羊開始站定後，其它的羊跟著停下來，稍微前後左右看齊一下，就形成了一個規則的圓圈。若還有別的原因的話，那就該是羊的好奇心，和不少羊是天生的測量員。

　　在有些牽強附會地把狼和羊的兩種圓圈聯繫到一起時，多年前只是拿著當應付考試和比賽智力的數學中的一個術語，不那麼恰當地跳進了腦子裡：反函數。你看，站在圓圈上的羊和狼，羊是要隨時向圈外跑，狼的目標卻在圈裡。羊跑是因為害怕，狼跑的原因應該相反，那就是高興才對。羊形成圓圈是因為從眾的羊群效應，狼轉圓圈應該是不願別的狼在周圍。要是這麼個東拉西扯有道理的話，《狼圖騰》中所說的狼轉圈，不是牠們靈氣沖天，在像神秘部落舉行的驅

神喚鬼儀式，而是在好不容易得到像樣的美餐後，無法抑制興奮地心情，只好用狂奔亂跳來發洩。就像一桌子色香味俱全的美味擺在面前，常不常會有智力水準在這方面跟狼差不多的那麼一位跳起來，高喊：「都先別動！讓我照幾張相。」於是其他人只好一邊客氣地咧嘴微笑，一邊還要同時做吞咽口水的高難動作。

　　人和狼不同的是，其他人會由著照相的那位，遠景、近景地亂照，不會在那位沒照完相之前一掃而光或端盤子走人。狼就不一樣了，一隻狼或一群狼好不容易捕到獵物，在高興地歡蹦亂跳之時，冷不丁地從旁邊衝出別的山貓野獸，叼起來跑了，那不就成了雞飛蛋打。雖然據說狼的智力和三、五歲的人類相仿，但保管好自己的東西的強烈信念應該是十分強烈。在殘酷的生存環境裡，有時一個獵物關乎到生死，於是狼的喜悅之情必須在一定的範圍和安全的距離內宣洩。這種範圍和距離，必須能在有情況時，能保證牠率先衝到獵物前。這樣沿著一個圓圈跑，能讓牠們在任何方位都能與獵物保持同等距離，這個圓圈的半徑是狼對到手獵物的安全距離。至於一群狼都在跑，那是因為狼群內部有牠的等級和規矩，頭狼高興地要跑，其它狼也就跟著跑，一來捧個場，二來先鍛煉一下，一會兒好多吃下去點，何樂而不為？若那位有條件有膽量的話，不妨看看，是不是小狼跑得圓圈半徑，小於大狼跑得圓圈半徑。小狼速度慢，擔心的事情多，應該有短一些的安全距離。若是這樣的話，就進一步證明我這種瞎聯繫可能是歪打正著。同時也可以告誡那些說數學無用論的人：別拿數學不當學問。在這種瞎矇亂想、東拉

西扯的事情上都能提供一種邏輯思路，更不用說在一些正事上了。工具是一種獨到的好工具，關鍵是你會不會用，拉不下屎來怨不得茅坑。同時也想提醒學數學或理科的，腦子活點，知識面寬點，別把好好的學問學死了。

愚者千慮的另一「得」，是知道了不用自己親力親為，照樣可以養羊、收肥料和控制野草，那就是把草場單獨租給養羊的專業戶。租金可以是以現金的形式，也可以採用牲畜分成的模式。一隻羊每週的草場租金大約在 0.5 澳元，分成的辦法是按每年新生羊的數量按三七到對半分成，也就是養羊專業戶分 70% 到 50%，地主分 30% 到 50%，具體的條件需要由雙方具體談。這個辦法能省去我這個門外漢的許多麻煩，同時有機會學一些養羊本事，為將來自己幹做個準備。自己能幹的就自己幹，幹不好的就讓賢。

經過一番託朋友，發廣告，感興趣的人還真不少。興趣濃厚的有：一家養馬的，一家養牛的，三家養羊的；還有一家想把草場租去放上幾隻牛、羊，有空時來露營、開山地車和騎馬消遣。養馬的在檢查了圍欄後，覺得擋不住馬，表示可惜後走了。想來露營騎馬的出價高出養羊的一倍，但我擔心這可能會和政府規定以及鄰居發生一些麻煩，只好婉拒了。原打算在養羊的裡面挑一家，可養牛的通過朋友不斷來找。恰在這時候，阿德萊德山區著了一場大火。整個過火面積達一百二十平方公里，火頭最近的燒到了離農場不到兩公里的地方。草場裡幾個月沒有牲畜，草已經長得老高，一旦著起火來，肯定要變成火焰山。儘管保險投的很全，但山火

逮著什麼燒什麼，麻煩也夠人受的。如果當割草機來使喚，一頭牛的食草量頂十隻羊，牛肯定比羊管事。在養牛的答應他管圍欄維護的條件下，先與他簽了一年的合同。

不久四十多對黑色的安格斯母牛、小牛就運了進來，一群牛沿著山谷草厚的地方吃下去，站在幾十米外都能聽到咯吱咯吱的嚼草聲。兩、三個星期後，靠近果園的山谷坡地的草就被啃光了，剩下的是一堆堆的牛糞。牛群就這樣一直吃下去，逐漸移到後山的下一個山谷去了。

從怕牛到能欣賞牛

對於養牛，我可以說是幾乎一點經驗都沒有。小時候看著牧童橫笛牛背上，覺得很有詩情畫意，但看著牠們身強力壯，一雙大牛眼瞪著你時，心裡總是有些發毛。現在還能記得在鄉下不寬的石板街道上，收工的牛踏著沉重的蹄步魚貫而來，把我嚇得緊貼牆上，等牠們旁若無人般地走過去。那時候耕牛受保護，只有老弱病殘的牛在給人出了一輩子的力後，才被牽到空地上，在托盆拿碗等著分肉的大人小孩面前，由人宰殺分割。據目擊者說，牛在被宰前眼中流淚。

小時候的這些陰影多年揮之不去。一直到上世紀九十年代，第一次去當時遊人還不太多的雲南中甸—也就是現在的香格里拉縣—的納帕海。當時湖邊有不少吃草的犛牛，長著一對長長的尖角。見我們走來，抬頭面無表情地看過來。正在拿不定主意是不是應該繞過去，一陣風把我的遮陽帽吹到地上，並順著風滴溜溜地向牛滾過去。出乎意料地，看起來

威風凜凜的牛，盯著地上滾動的帽子，不停地向後跳去。這大概是老天在教導我，世上只有牛怕人，哪能人怕牛。

來澳洲的初期，有次到一個養牛水準和我在伯仲之間的朋友家小住。看到我對農場感興趣，朋友就拉著我去把一頭大公牛趕進小圍欄裡去。兩人東堵西趕，不得要領，費了半天勁牛也沒趕進去。下午出門回來後，進門看到朋友的妻子坐在餐桌邊。見我們進門，她側過臉說，公牛已經在圍欄裡了。看到我們驚奇和慚愧的表情，她接著說：「我手拿青蘋果把牠引進去的。」

大概是為了讓我復原點自信心，過了兩天，朋友讓我幫工人去給小公牛去勢，就是把一個很緊的鬆緊圈套在小公牛的睪丸上。這樣血液迴圈被阻斷，睪丸組織死亡，公牛變成菜牛。當時先把那頭小牛與母牛分開，慢慢把牠逼到角落，工人上去把牠按住，招呼我一起將其扳倒在地。原想看起來不弱的小牛會狂暴反抗，出乎意料的是，倒地的小牛在瑟瑟發抖，除了不停地哞哞叫，很少掙扎，手抓在牠那看似粗壯的腿上，也沒感覺到力量。遠處的母牛和關在圍欄裡的公牛，聽到小牛叫聲分別走近。幹完這個活，感到的不是自信心恢復，而是精神頹廢地對朋友說：「以後我有了農場也不會去養牛。」

現在自己有了農場，又陰差陽錯地和牛打起了交道，所幸這些牛另有主人。儘管如此，在農場裡修圍欄，維護水壩和輸水管，林林總總的事，和牛面對面的機會還是接連不斷的出現。

　　第一次是在養牛戶把牛放進草場不久，鄰居家的力木贊公牛先後翻越兩層圍欄，帶三隻母牛大吃另一家鄰居的蘋果，被我趕了回來。雖然是一次甘做牛後的遭遇，畢竟達到了目的，自信心得到一定程度的恢復。

　　這個租草場的專業戶，隔三差五地在下午兩點左右來給他的牛群加料。醉翁之意不在酒，他的目的是訓練牛定時到一個間隔出來的小圍欄裡去，這樣便於管理、檢查和裝運。草場和果園之間有一道內部圍欄，我主內照料果樹，牛主外吃草長肉。幾乎每天到了加料的時間，遠處就會傳來一聲聲的牛叫聲，接著就是幾十頭牛魚貫向小圍欄走去。如果這時我在靠近內部圍欄裡面忙活，就圍攏而來，衝著我哞哞大叫，形似年輕時候在食堂排隊，大師傅們到點不開飯，大家一起敲飯盒的架勢。十幾頭牛對你像男高音一般的放歌，場面宏大。有時就只隔著圍欄，聲音大時，能讓人產生振顫的感覺。

　　最初有幾次沿著山脊穿過草場，牛們正橫七豎八地臥在山脊上的大樹下納涼反芻，把去路堵了個嚴實。當時一邊向牠們走近，一邊心裡盤算是否繞道。最後想起在非洲與公象狹路相遇時，應該緩緩地，但堅定地沿著路繼續向前開車，據說這樣能讓野象知道誰是老大。對牛，同樣的規則應該能適用。在慢慢的逼近中，最先有反應的是小牛們。牠們早早地站起來，先是瞪瞪呆呆地看著，待你靠的更近時，猛然醒了似的，一抬蹄子跳起來，轉頭閃向遠處。大牛相對矜持些，有的在你離牠五、六米遠的時候，才慢慢起身，轉到旁邊，

看著人走過去。有次，幾頭牛只顧低頭吃草，在猛然發現我時，立刻炸群散開。在牠們沒準備的情況下，突然的聲響或鐵器的撞擊聲，都能嚇牠們一跳。電視上看到過介紹一個養奶牛的節目。其中說道，牛膽子小，如果突然對牠們大喊一聲，產奶量就會下降。

說牠們體壯如牛，膽小如鼠也不完全恰當。在一些情況下，牠們還是挺有擔當的。小時候聽說過牛是不怕一、兩隻狼的，農民收工晚了遇上狼，牛能幫人擋一面。也聽說過一頭公牛發情，旁邊有個多事的人壞了牠的好事，於是公牛紅著眼，死追此人。別的人擋也好，打也好，到底沒能把牠引開，最後把那個倒楣的抵到了牆上。

在農場裡，有的時候小狗山姆跟著到處轉悠。遇到牛群的時候，小山姆會狗仗人勢地逼上去，汪汪兩聲。牛群裡的小小牛往往有些驚慌，這時候就會有大點的小牛沖著山姆沖過來。有次看到山姆從山坡的另一面倉皇跑來，徑直向果園裡鑽去。有些詫異之中，喊了牠一聲，山姆只是一扭頭，然後自顧自地繼續跑。正不明白牠遇到了什麼事情時，從山姆跑來的方向，出現了一大一小兩頭黑色的安格斯小牛，活像「武林外傳」開場時出來的那對雌雄雙煞。「雙煞」看到有人就一左一右地站住了。在盯了我一會後，右邊稍大些的小牛，開始掉頭，向遠處哞哞地叫了起來，不知是不是在說：「小狗有幫手了，大牛們快來幫我們吧！」又等了幾分鐘的光景才離開。這期間回頭再看山姆，站定在果園的圍欄後面，看著我和小牛，頗有些坐山觀虎鬥的架勢。

追 小 狗 的
「雌雄雙煞」

　　有一天上午，我正在果園收拾，這時看到一頭母牛，後
面跟著三頭小牛從遠處湊了過來。從過去與牛主人的交談
中，他提到牛一般不離群。若是見到放單的牛，一般就是有
情況了，或者是要生小牛、病了或傷了。另外一頭母牛大多
數情況一次只生一頭牛犢，生兩頭就很讓人驚喜了，而生三
頭的機會絕少。一頭離群的母牛帶著三頭牛犢，本身就是一
件異常的事情，不僅如此，母牛走到離我二、三十米的地方
不停地叫了起來。因為對養牛的經驗知之甚少，想不出來這
頭牛老衝我叫什麼。牛前後叫了半小時，中間一邊叫，一邊
向遠處走。走出一、兩百米去後，又回來再衝我叫，這樣反
覆了三、四次才最後走開。

　　過了兩天，我到草場的深處去，站在山坡上，隱約看到遠處地上好像躺著一頭牛，心中不由一緊。待走近一看，果然是一頭年輕的母牛死在了地上。給牛主人打完電話，讓他趕緊過來後，一邊往回走，一邊想這件事。這時候才明白了兩天前那頭母牛對著我叫的原因，心裡不由得感到追悔不及。那頭牛原來是在報信，試圖把我引到事故現場。可惜遇到我這麼一個比牛還笨的人，幾番努力終究落空。再次遇到牛主人時，談了這件事。他說牛之間也有遠近親疏。關係近的牛會相互照應，出現問題時也會示警。至於死亡的原因，他也說不清楚。根據他的經驗，一般牛因病傷死亡的過程中，會有掙扎現象，因此在現場會看到地面有蹬刨等痕跡。這頭牛躺倒的草地上沒有這些痕跡，外表不見血跡，應該是一種突然倒地死亡。牛主人問是否在附近看到過狗，狗會追牛，牛在驚慌奔逃之下，會力竭心衰而死。我指了指旁邊仰頭看我們說話的小狗山姆，得到的回應是對方把嘴一撇。過後想起，有家鄰居有一條高大的鬥牛馬士提夫犬，並提到過這條狗追牛曾經差點被牛踢死過。這種狗有 60% 馬士提夫犬血統和 40% 英國鬥牛犬血統，是獵場看護人培養了對付偷獵者的；其體重能達到五十多公斤，肩高六十多厘米。有次在巡視邊界圍欄時，聽到身後像馬一樣咚咚地奔跑聲音，沒等回頭，那條狗緊追著一隻袋鼠從我身邊跑過。若死亡的牛是因為被狗追趕所致，那這條狗的嫌疑比較大。

　　雖然人馴化牛的年代，長的都沒法考證，但人對牛的瞭解卻還難說是很深入。傳說古代音樂家公明儀每次彈琴時，

他的琴聲引來很多鳥兒與蝴蝶。當看到水牛在吃草，就對水牛彈奏幾曲，結果水牛無動於衷地走開，從此有了「對牛彈琴」的成語。公明儀在下結論之前，也應該卡一下碼錶，看水牛吃草和尾巴擺動的節奏是不是因為他彈琴的節奏起了變化，或身體有了什麼反應。

1996 年的在一個自動化奶牛場的試驗發現，在設定的擠奶時間播放了幾個月的音樂後，按時來擠奶的牛的數量增加。這可以理解成：牛把音樂當成了一種擠奶的信號，從而調整了自己的生物鐘，也可能是：牠們感到聽音樂做乳房按摩是一種享受。

2001 年進行的一項試驗，大概可以使「對牛彈琴」成為一個過時的成語。試驗中播放舒緩的古典音樂，像貝多芬的「田園交響曲」等，能使牛的產奶量增加 3%。公明儀的音樂風格現在沒人能聽到，但牛幫助我們知道了他和近代古典音樂的風格不同。另一個可能也許是牛聽著聽著，突然感到奶漲的慌，於是連個招呼也沒來得及打，趕緊往家跑擠奶去了。於是惱羞成怒的公明儀沖著牛屁股喊：「你不懂音樂！」

有一本書裡更提到，牛會使用工具。看到這句話的第一反應是摸不著頭腦，想不出牛是用蹄子，還是用嘴使用什麼工具。繼續讀下去，原來是有人觀察到一隻母牛和她的小牛被遠遠地分開在了兩個圍欄。母牛遠遠地望著小牛叫，叫著叫著，看到母牛掉轉了身子，把頭伸到身後的一個小鐵皮房

子裡繼續叫，並且叫幾聲，就轉回頭向小牛的方向望望，然後再把頭伸進鐵皮房子裡接著叫。觀察者認為，這是母牛發現了在鐵皮房子裡叫，聲音聽起來更大些。先秦荀子的《勸學》中有：

　　吾嘗跂而望矣，不如登高之博見也。登高而招，臂非加長也，而見者遠；順風而呼，聲非加疾也，而聞者彰。假輿馬者，非利足也，而致千里；假舟楫者，非能水也，而絕江河。君子性非異也，善假於物也。

　　母牛的表現，說明她是在利用小鐵皮房子幫她聚聲擴音，這和荀子講的登高、順風、乘車、坐船是一個道理。人知道的這些道理，可能牛也知道一些。只是牛這樣做，算是能用簡單工具，而荀子寫在竹簡上就成了高見。真是高不高見，不是見解本身，而是看誰嘴裡說出來的。

　　一次次地與牛面對面相遇，對牠們的敬而遠之，慢慢地變成了泰然處之，無形中有了不少靜下心來觀察牠們的機會。在牠們把我誤當成牛主人，圍在兩、三米遠的地方哞哞叫著要求補料時，感覺就像是一群上小學的孩子，圍著老師嘰嘰喳喳叫個不停。在折下些樹枝樹葉扔給牠們後，逐漸都安靜了下來。不管是站在近的地方吃到幾口的，還是擠不到前面的，這之後會有幾分鐘的時間不聲不響地站在那裡看著你。這時候你若慢慢地走過去，緩緩地抬手去摸牠們的牛臉，牠們也只是稍稍向後縮縮，而不是炸群而去。在你和一隻牛的目光相遇，盯視一會兒後，牛似乎會變得不太自然，而把眼神移開。人和牛，就像和孩子一樣，信任是那麼地容

易建立起來，所不同的是，人與牛建立這種信任的目的，是為了方便將來的背叛。

平心而論，牛是一種美麗的動物。小牛和其它小動物一樣的可愛，這自不必說。當一隻小牛站在面前，懷著好奇，愣愣地看著你，看起來光滑柔軟的鼻子嘴那不斷抽動一下的樣子，就像一個有著大大眼睛、控制著要流出來鼻涕的孩子。公牛的頭相對碩大，脖子粗壯，昂首挺胸站在那裡，可以稱得上是偉岸。若把一頭雄獅放在牠旁邊比比，我認為在外表上看雄獅只能算個二等殘廢。公牛給我的感覺像在水壩後面深深的水體，安靜，溫順，但充滿了能量。

有次腦子裡不知怎麼地驀地感到有個曾經當紅女演員的臉，長得與母牛臉有些神似。至於這位演員的名字，我可不敢提。現在要說長相像狐狸精，沒準憑空跳出來幾位欣然笑納。若把一位公認漂亮的女人形容成牛，那就八九要被認為是敗壞人家的形象和名譽了。在所有的文字中，鮮見有把牛與美麗聯在一起的。其中原因可能是牛的數量太多，與人太近，更主要的是太容易滿足和受人擺佈了。從這種關係引申出的道理，可以解釋為什麼癡心女總是遇上負心漢，也能佐證為什麼辛苦勞作的人，總是屬於那沉默的大多數。就像歌裡唱的，「香煙愛上火柴就註定要被傷害，老鼠愛上貓咪就註定被淘汰」，牛兒信任了人們就註定要被屠宰。性格決定命運，是牛在不斷地展示出的一個道理。

Chapter 6

第六章
安全的那些事

六 安全的那些事

買了農場後，朋友之間第一次談起安全問題時，一個在澳洲沒什麼農場經驗的朋友衝口而出的是：開拖拉機很危險。直覺有的時候是那麼地準確。

不要以為意外離你總是很遠

根據澳大利亞官方調查，農業領域差不多平均每星期就有一個死亡事故，十五宗比較嚴重的傷害事故，與工作有關的傷病則達三百三十二宗。農業從業人員的頭號殺手是拖拉機，與拖拉機有關的死亡事故比例佔 26%；其次是飛機事故，佔 13%；再就是輕型車輛和四輪越野摩托，各佔 8%。與這些現代農業設備無關的死亡原因，主要有被牛馬撞傷或咬傷，從馬上摔下來，再就是槍擊誤傷。有個調查稱，農業是澳大利亞排在第二位的危險行業，第一是交通運輸。

在我的小農場裡，飛機是肯定沒有用武之地。與輕型車輛和四輪越野摩托有關的事故，多是在低年齡段農民或農業工人中發生。在不少情況下，可能與他們把農場顛簸不平的道路當成賽車道有關。這也是我不願意接受最高出價，把草場租給一個想用來做休閒越野場所的人的原因之一。在我這個年齡，享受上下顛簸和耳邊風聲作響的激情，差不多已隨風逝去，因此相應的危險因素一般不會存在。農場裡沒馬，不會出現被馬咬傷，或從馬上摔下來的遭遇。對我來說，剩

下的危險因素就是拖拉機，還有就是牛跑過來咬我一口、撞我一下。

如果把三百六十行都做個統計，在低於五十四歲的各個年齡段裡，農業的死亡事故率都低於全體行業平均水準；而在高於六十五歲的年齡段裡，則變得高出接近兩倍，也就是說年齡越大的農民越容易出危險。有一個事故報導能給人一些真切的體會，說的是一個七十八歲的牛主人，把一頭一噸多重的公牛裝上拖車。可能是因為關門的動作慢了些，公牛衝了出來，把他撞倒在地，造成肋骨和手臂骨折。當時只有他一人在農場，只能忍著劇痛回到房子裡，呼叫救護車。這種獨自一人在曠野裡發生的事故，會使危險程度大大增加，而且引發事故的往往是一些不起眼的原因。

電視上看到過一個真實報導：有一人騎著四驅摩托，在地形起伏不是太大的曠野裡兜風，當時的時節是初冬。在他衝下一個不高的陡坡時，摩托翻了車，把他壓在了下面，慶幸的是他的身體沒有受到明顯的創傷。他試圖爬出來沒有成功，掙扎著摳到了帶在後座的一把斧頭，想把車撬一撬、挖地，但身體的姿勢和堅硬的地表，使這些嘗試都徒勞無功，呼救的聲音被風聲壓過。這時候天已經黑了下來，氣溫也在下降，他意識到常此下去他會患上「低溫症」。人的正常體溫是 37℃，低溫症是指人體深部溫度（直腸、食管、鼓室）低於 35℃ 的狀態，低溫症可直接或間接地造成死亡，如果體溫降到 32℃ 以下，人體器官將無法正常代謝和工作。現在他能做的就是不斷地通過叫喊，和用斧頭敲擊摩托車來求

救。在寂靜的夜空下，他能聽到順風傳來遠處農場裡的狗叫聲，甚至房門的撞擊聲。事後得知，這是住在那裡的農民聽到了狗叫個不停，出門查看原因。顯然狗聽到了他的呼救，但人耳朵趕不上狗耳朵管用。在熬過了一夜後，他的體力和精神已大不如前，除了盡力呼救外，最後的希望就是親戚朋友發現他失蹤。接下來的一整天和一夜，他慢慢變得只能苟延殘喘。幸好到了第三天，大家發現情況不對，報了警。最後在他預留在家的出行路程的幫助下，找到了他。

在他獲救的過程中，他預留的出行路程起了很好的作用。出門之前，把要去的地方、走的路線和預計的時間讓周圍的人知道，是提高安全係數的一個好辦法。一旦走出去，不要輕易改變計畫。這不光是指到陌生的外地去旅行，就是在家的附近也要注意才好。過去在自己身邊的一個極端的事故，就是因為臨時改道而引起的：一個上夜班的年輕人，宿舍與上班的地方中間隔著幾塊農田。一年冬天的一個夜裡，在去上班的半路上，他突然想起忘了件東西。於是就讓同行的人先走一步，自己回去拿東西。當班的人一直沒等到他來上班，還以為他找藉口曠工回去睡懶覺了，當時也沒當回事。工友下班後沒看到他，這才感到奇怪起來。多方打聽不見蹤影，單位上發動職工四處搜尋，最後在宿舍不遠處農田裡的一口澆地用的水井裡，找到了死去多時的他。

推斷的情況是：他為了不遲到，想從殘雪覆蓋的農田上抄近路。因為天黑、心急，加上雪的覆蓋使井口變得不容易及早發現，不幸失足落入井中。若在天氣暖和的季節，即

使爬不出那口不太深的井，在下面待兩天也不至於有生命危險。但冬季裡井壁結冰堅硬，情況就完全不同了。

我的農場所在的地方，冬季溫度最低 3-4℃，夏季高溫可達 40℃ 以上。在這種天氣下如果行動受限，被困在一個不利的地方，出危險的機會還是有的。特別是在高溫天氣時，中暑可以不期而至。記得在十二月底的一天，帶一位提前約好的想租草場的人，在農場裡到處走，當時預報的溫度在 35℃。走著走著，平時喘喘粗氣就爬上去的山坡，這次卻有點喘不上氣，也爬不上坡了，隨著還有些想吐的感覺。當時意識到這是中暑的預兆，趕緊找樹蔭下坐了一會才緩過勁來。人體皮膚的溫度一般在 32℃ 左右，當氣溫高於這個溫度時，空氣對人體表面產生加熱作用。在此情況下，人體主要通過汗液的蒸發來維持體溫平衡。如果勞動強度大或氣溫太高，濕度太大，體內產生的熱量多，即使大量出汗也來不及散熱或體內熱量無法散發，就能引起體溫升高、呼吸，和脈搏加快、頭昏、噁心、眼花、耳鳴等症狀發生，這就是「中暑」。高溫，在較短時間內就能使人中暑，甚至損壞人體器官功能而死亡。不怕一萬，就怕萬一。在需要到平時不太去的地方時，除了隨身帶著急救包和水之外，總要記得和家人說一下大致的地方和要幹的事情。再就是手機不離身，並提前檢查電量和信號接收情況。意外情況發生時，你不會有太多的時間或精力去反應，否則就不叫意外了。

按照澳大利亞的標準，一般性的傷病事件，在農場的工作中幾乎隨時都會發生。自從開始在農場幹活，幾乎每天都

是帶著酸疼的腰腿膀臂回到屋裡。儘管手套、雨靴、護目鏡、保護服裝備齊全，身上的小傷疤不等一處結疤，另一處新的又出現了。老天保佑，所幸還沒有出現嚴重到去醫院的事件發生。與勞累相伴的，是臂膀的肌肉感顯得突出了一些，腰部的贅肉消失的差不多了，腿上的靜脈曲張現象則更明顯了，「有所得則有所失」的另一個佐證。坐辦公室時長肥肉，升血壓，產生膽固醇；在農場裡肌肉骨骼受累，靜脈曲張再現。能生活在一個十全十美的環境中，該需要多大的幸運。兩害相權取其輕，兩利相權取其重。能有自由按照這兩個原則做出自己的選擇的人，就已經算得上是幸運加幸福了。

即使在安靜祥和的果園裡，想得到或想不到的安全因素也會不斷冒出來。有一次在鋸除一排桃樹上的枯枝時，因為出汗多，沒戴護目鏡。在身子前傾鋸樹時，樹上部一枝伸出的細枯枝，在毫無察覺的情況下，戳在了右眼內側的眼角上。假如再向右戳一點，估計要捂著眼睛去醫院了。就是這樣，被戳的地方也紅了好幾天。直到現在也沒明白，明明就在眼前的東西，為什麼愣是看不見。是因為注意力太過於集中在別處，或是眼睛焦距以內人的視覺存在盲區，抑或是眼睛在上下範圍的視角過於狹窄？年輕時，感到眼睛小不好看。在這次想不到的事故中，小眼睛的優勢再一次凸顯出來。建議小眼協會的同仁們以後少自卑一些，人身體上的各個部分，好用比好看要重要。有了這個經歷，此後再幹類似的活，總是花時間先把周圍有可能礙事的東西清理乾淨。這樣看起來多花了時間，但安全風險降低了，幹起活來效率也

高了。磨刀不誤砍柴工，準備工作也是生產力。

開著拖拉機在果樹行間穿行的時候，前主人在種植上的休閒性就更加突出了。櫻桃樹栽種的還比較合理，機械化作業進出方便。李子、蘋果和桃樹的種植區就顯得有些雜亂，加上疏於管理，枝條蔓伸，用起拖拉機來不是很方便。在第一次開拖拉機除草時，一邊手上左拐右拐地掌握方向，兩隻腳在離合器、油門、剎車三個地方不停倒換，身子左躲右閃，後仰前合地避讓不時掃過來的樹枝。有幾次被行進中拖拉機掛彎的樹枝彈回來，縱是急躲了過去，也感到了其中的力道。在除完草，開著拖拉機回車庫的幾分鐘裡，唱出來的歌詞是陳超「求佛」中的那句「我躲過了無數個獵人的槍」。減少這種危險的辦法，就是大刀闊斧地把一些枝杈和礙事的樹砍掉，正所謂不破不立。

溫柔和安靜的殺手

澳大利亞潔淨的天空帶來的不光是哺育萬物的陽光，還有致癌的強烈紫外線。澳洲屬於世界上皮膚癌最高發的地區之一，發病率是美國或英國的兩到三倍。拿中國做對比的話，在每十萬人中，澳洲南部有大約650人患或患過皮膚癌，在中國大約有2.37人，中國的這個比例在大氣品質改善後估計會升一些上去。在澳洲所有新診斷的癌症中，皮膚癌占80%，95%到99%的皮膚癌是由陽光照射引起的。能活到七十歲的澳大利亞人中，有三分之二的人患有或患過皮膚癌。在一個平常的夏季週末，大致能有14%的成人，24%

的青少年，8% 的兒童被曬傷。這種曬傷不光發生在受太陽曝曬的情況下，也可能是在游泳或玩水時，做園藝時，甚至是在烹製澳洲人喜歡的烤肉時。

澳洲有一個氣候特點，氣溫低或陰天時，紫外線可以照樣很強。即使是保護的好，沒有被太陽曬傷過，常年的戶外活動也可能讓你患上皮膚癌，澳洲的陽光算得上是一個溫暖的隱形殺手。皮膚癌中最常見的是「基底細胞癌」，若不及早治療，會引起局部組織糜爛，但是不會擴散到身體其他部位。「鱗狀細胞癌」得不到適當治療，則會擴散。這兩類皮膚癌生長速度緩慢，治癒率高。「惡性黑色瘤」於三者中最為少見，通常由人體上既有的痣變成，屬黑素細胞的癌症。這是最嚴重的一種皮膚癌，發病後即迅速擴散。如果能及早發現，展開治療，治癒率約為 75%。在 2012 年，澳大利亞有 2036 人死於皮膚癌，其中 1515 人是惡性黑色瘤患者，521 人是其他皮膚癌患者。長了惡性黑色瘤，五年的生存率，男性為 90%，女性是 94%。另外白色人種發病率比有色人種顯著增高。這要感謝老祖宗給了我們抗癌的好皮膚，愛美的人們也不要過分講究皮膚白不白了。從這方面講，有色皮膚才是優良基因，健康才是最美的。

為了儘量避免成為那不幸患上皮膚癌人群中的一員，在農場裡活動的時候，不管天氣涼熱，長褲長褂，帽子手套就成了標配。天冷的時候，用這身行頭倒沒什麼特殊的。大熱天時，別人短褲短褂，再捂地這麼嚴實，就有些看著彆扭了。熱汗淋淋，身上衣服一天中多數時間都是濕的。但南澳洲溫

度高，同時濕度低的地中海氣候，讓人也不覺得特別難受。在自己的想像中，多喝水，多出汗，沒準能達到排毒養顏的效果。再者說，收工後，回到屋裡沖個溫水澡，換上乾淨衣服，吃幾個冰箱裡凍起來的櫻桃，再來瓶飲料。在陰涼下面，身體放鬆地懶坐在椅子上，身體裡的熱量似乎在通過皮膚嗖嗖地向外走，「難得浮生半日閑」和洗完桑拿的感覺相伴飄然而至。想那穿著體面地給人打工時，每到週五快下班的時候，同事們會相約到附近的酒吧，相約在西下的陽光下，相約在嘈雜的人聲中，相約在有限放鬆的氛圍裡，相約那逝去的暮鼓晨鐘。這種狼狽一天後身心放鬆的感覺，從未光顧過我。

天上的危險講到這裡，再來說一下地下的，那就是破傷風和炭疽病。

破傷風病菌是破傷風梭菌。平時存在於人畜的腸道，隨糞便排出體外，以芽胞狀態分佈於自然界，尤以土壤中為常見。此菌對環境有很強的抗力，能耐煮沸。破傷風梭菌可污染深部組織（如盲管外傷、深部刺傷等）。如果傷口外口較小，傷口內有壞死組織、血塊充塞，或填塞過緊、局部缺血等，就形成了一個適合該菌生長繁殖的缺氧環境。如果同時存在需氧菌感染，後者將消耗傷口內殘留的氧氣，使本病更易於發生。

炭疽病，曾被作為生化武器，是一種叫做炭疽芽孢桿菌的細菌引起的人獸共患性傳染病，主要發生在牛、馬、羊等以草為食的動物中間，人一般是通過接觸動物或動物製品被

感染。日本侵華時，臭名昭著的 731 部隊，曾用炭疽桿菌進行人體試驗。1979 年，前蘇聯的某軍事研究中心的實驗室洩漏引起肺炭疽流行，造成 68 人死亡，是史上最大一次人群中的炭疽流行。2001 年，恐怖主義者曾通過郵寄方式將炭疽芽孢粉末發到美國。2007 年澳大利亞的維多利亞州出現牛炭疽病疫情，幾十頭奶牛死亡。中國的西北和西南地區省份幾乎每年都會發生動物間和人間炭疽。多數情況下，總是牛、馬、羊等食草動物首先感染，患病動物的血液、糞尿排泄物、乳汁、病死畜的內臟、骨骼直接感染人類或污染環境，是感染的重要來源。炭疽芽孢桿菌被動物排到外環境以後，可以形成芽孢，芽孢具有極強的抵抗力，能夠在外環境，主要是土壤裡存活許多年。

在農場每天都要和土壤打交道，小傷口不斷，動物和牠們的糞便也是常不常地接觸。這裡的土地大多數從未耕種過，深層土壤見天日的時候不多，農藥化肥鮮有機會幫忙污染土壤，破壞原有土壤結構。想來這些病菌在澳洲也會像野生動物們一樣安逸繁茂吧！有了這兩個條件，破傷風和炭疽病似乎不是得不得的問題，而是什麼時候機緣巧合，碰上倒楣的問題了。老婆在這方面的知識比較多，可能是為了顯示自己的權威性，在家裡不吝口舌地對我進行了威逼恫嚇。為了耳朵根子清靜，加上自己確實心裡沒底，從來不願打針的我，肌肉緊張地去打了一次預防針。打針的時候，說是不會有什麼反應。打完後的一兩天我卻感到像得了一場小感冒。據說打一次能頂十年，但願她別哪天像突然想起來似的說：

「哎呀！你還得再去打一針加強一下。要不然這第一針就白打了。」在知識水準不對稱的情況下，上當受騙的事是可以經常發生地。不管怎麼說，忍一時之痛，即使預防針不起實質性的作用，只要能換來個放心也值了。

農場的工作裡，搬搬抬抬的事情免不了。這種情況下，最容易出問題的身體部位就是腰椎。正常站立時，軀幹、雙上肢和頭部的重量，可經椎間盤均勻傳到腰椎的各部分。在搬提重物時，腰椎尤其是腰椎下部受力最大，受力強度不僅在於物品的重量，還與物品的體積、搬動方式、腰椎彎曲程度有關。過去的習慣是彎腰提或抬，這樣做方便快捷；其實在腰椎彎曲時，是最不吃力的一個狀態，如果這時再有個扭身的動作，即使二十公斤的物體也能讓你扭傷腰。對這我是有親身體會的，正確的姿勢是直著腰下蹲，腰椎儘量直，用腿部肌肉的力量搬起來。這個姿勢看起來有點像機器人那樣笨拙。有次我在給小夥子們示範時，也能看出來在他們那假裝虛心認真的臉皮下，肌肉在忍不住抖動出的笑意。正確的動作是難看了點，但一旦傷了腰，變得整天像陳忠實的《白鹿原》中，白嘉軒被人打折腰杆後的姿勢就更不好看了。

野生動物的危險性

澳大利亞沒有大型的野生肉食動物，但這並不說明野生動物對人不構成危險。就像給三國裡武將的排行是「一呂、二趙、三典韋」差不多，在中國東北人們給山林裡的野獸按殺傷力排行，叫做「一豬、二熊、三老虎」。這樣排的道理，

就說是在能力差不多的情況下，老虎和熊考慮得比較多些，對不是太必要的麻煩儘量不去招惹。而野豬就不同，一旦讓牠不痛快，管它三七二十一，挺著獠牙就死衝上來，也就是那種愣的怕橫的，橫的怕不要命的。要知道澳大利亞可是有2300萬頭野豬，雖然還沒有聽到過澳大利亞的野豬比東北虎還可怕，但牠們吃小羊的名聲由來已久。公豬的體重大約170公斤，母豬110公斤。幾年前在西澳打死的一頭野豬重達220公斤，從頭至尾看起來有兩米半長。幸好澳洲的幅員足夠遼闊，容得下人和動物同時生存，所以現在還沒有野豬傷人的報導出來。但說句烏鴉嘴的話：這種倒楣事遲早會有人遇到。

在阿德萊德山區倒是還沒有聽有人提起野豬的事，但農場裡潛伏的蛇對我來說是一種自然的威脅。除掉了兩條毒性小些的黑背紅腹伊澳蛇之後，連續在果園裡發現三條毒性大的棕蛇幼蛇。這讓我隱隱感到，我可能已經打破了附近的一部分生態平衡。一般情況下，紅腹黑蛇體型大些，牠們會吞噬這些更致命的棕蛇，現在我可能更有機會與世界前五大陸生劇毒毒蛇之一的棕蛇邂逅了。假如情況真的是這樣的話，除掉紅腹黑蛇後的輕鬆，就有些變成了損人不利己的窘境了。幾乎人人皆知的「狼來的」故事，講的是一個對未來後果毫無感覺的孩子戲弄別人的事；公路上的「路怒」是自己冒著眼前的危險，去給別人製造危險；職場上告狀，打「小報告」，不論能否達到自己的目的，「傷人一千，自損八百」的風險往往如影隨形；而抽煙的人，明明知道將來的

風險和二手煙對別人的危害，卻被一個「癮」牽住了「牛鼻子」。假如我的感覺正確的話，千姿百態的損人不利己事例中，我打蛇的事也算是獨放「異彩」了，同時，「見蛇不打三分罪」是忠告還是誤導，也需要重新考量了。「保護除人以外的動植物和生態環境，就是保護人自己」的提法是有道理的。

至於在我的植被茂盛，有山有水的一畝三分地裡，會不會風雲際會，藏龍臥虎般地活躍著比牠們還毒的太攀蛇、虎蛇之類的，現在只有天知道了。中國有名的五步蛇（尖吻蝮，又稱百步蛇），據說是毒性發作的時間短到不等你邁出五步。牠的毒液的半數致死量（小鼠）大約是 10mg/kg。就算中國毒性最強的銀環蛇，這個指標是 0.1mg/kg，澳洲內陸太攀蛇的蛇毒大約是 0.002mg/kg。不嚴謹的一個比較，是五十條銀環蛇的毒，頂不上一條太攀蛇的輕輕一咬。把這種恐怖的事情用正面的方式表達出來，那就是：如果把一般蛇毒比做軟黃金的話，太攀蛇的毒該算做軟鑽石了。

從不同地方看到的介紹都說，蛇是一種比較不太愛顯山露水的動物。帶有致命毒液的毒蛇擅長的是伏擊而不是攻擊，牠們使用生化武器的目的，一是捕食，二是自衛。一般情況下，在人走近時，牠們會感到熱源、震動和聲響，並適當回避。大多由於我們在牠們走神時躲錯了方向，還有的蛇太懶不願挪地方，像五步蛇，或其牠沒有驚覺的情況下過分逼近，或無意踩到毒蛇身體時，牠才咬人。甚至有人說銀環蛇雖然毒性強，但牠們善良，行動遲緩，很少攻擊人。一般

人觸動牠時，牠會把頭壓在身下藏起頭不動。聽起來好像是在說一位古代閨閣深處的「美女蛇」。這些說教有的是來自人的經驗，有的是從研究裡觀察或推演出的結論，有的則可能是牽強附會。在澳大利亞，包括對孩子的教育，都是見到蛇，不要靠近，不要惹牠，敬而遠之，各奔東西。但蛇不是人，蛇不會知道不少人願意保護牠們，牠們只能按自己的習慣和本能行事。這種馬虎不得的事情，最好多從壞處著想。

澳洲陸地上有 140 種不同的蛇類，其中大約 100 種蛇有毒，再其中 12 種蛇有可能致人於死地。中國蛇類有兩百多種，其中毒蛇約五十種。兩相比較，澳洲可說是個毒蛇雲集的地方。看到過一些辨別有毒和無毒蛇的方法，說大多數毒蛇頭部呈三角形，個別橢圓形，而無毒蛇正相反；另外毒蛇身體一般色彩鮮豔，尾巴短而粗。再有一種辨別方法是毒蛇發現人後，一般不逃跑，或逃跑時爬行的速度不快。稍微專業點的辦法是，抓住毒蛇能馬上感覺到其身體柔軟，而一碰無毒蛇，感到像個肌肉男，這個確實有點難。當然，最可靠的辦法是看蛇有沒有毒牙和毒腺。在澳洲，這個辨別過程就免了，見到一條蛇就認為是毒蛇，你回答正確的可能性是71%。至於澳大利亞的蛇為什麼毒性這麼大，則沒有一個定論。可能的原因，一是澳洲與世界其它部分隔絕，動物進化程度不同。我理解的意思是，遠古時代其它地方的蛇，比現在在那裡的蛇毒性大的多。另一個推測是澳洲蛇的食物同樣比較獨特，對蛇毒的耐受性高，蛇沒別的辦法，只好產生這麼強的毒液才能活下去。

根據世界衛生組織的報導，每年估計有五百萬人被蛇咬傷，多達二百五十萬人因毒蛇咬傷中毒；每年至少有十萬人因蛇咬傷致死，而因毒蛇咬傷造成的截肢和其他永久性殘疾的人，則是這一數字的大約三倍之多。

蛇在 2009 年《科學美國人》雜誌評選出的「人類最害怕的十大事物」中名列榜首。對此的一個解釋是：人怕蛇是一種本能反應，這種反應不是在後天的經驗中產生的，而是深藏在遺傳基因裡的。原始社會，人類祖先必須要具有眨眼間發現蛇並迅速遠離牠的能力，這樣才能生存下來。這種對蛇的警惕，通過基因遺傳至今，讓人們大腦中深植了對蛇的恐懼和敏感，這種解釋似乎還是沒說到點子上。古代的狼蟲虎豹比現在多，對人有威脅的不光是蛇，為什麼蛇能讓人最害怕呢？

我的感覺是：蛇除了能和其它動物一樣危險外，人最受不了的是牠們的隱蔽性。雲從龍，風從虎，別的危險再大，事先也有個徵兆，讓人有個心理準備。蛇就不同了，藏影遁形的本領與生俱來，幾乎每次出現，對人來說都是個意外。即使在人自以為最安全的巢穴裡，牠們也能探一探頭進來，不帶起一絲風聲，擺一擺尾就走，不攪動一縷空氣。具備致人於死地能力的動物中，只有蛇最是防不勝防。這帶給人的是無休止的焦慮不安。安全上的不確定性，才是蛇最讓人受不了的地方，於是「陰險毒辣」這種詞也就發明了出來。如果有心的話，你會看到在人的生活和工作中，不確定性帶來

的負擔有多大。

按說澳洲的蛇這麼毒，因蛇傷亡的事故應該多。但實際情況卻不是這樣。有人統計澳大利亞從 1980 年到 2004 年的二十四年間，因毒蛇咬傷死亡的人數為 38 人，平均每年 1.6 人。而騎馬造成的死亡，平均為每年 21 人，歐洲蜜蜂蜇傷致死人數是每年 10 人。被毒蛇咬死的人中，不可避免的事故只有兩起，專業人員因擺弄蛇發生意外的有三起，打蛇被反咬一口的有五起，把有毒蛇錯當成無毒蛇造成的事故有三起，不明原因的有三起，踩蛇身上蛇不樂意了的有二十二起。

避免被蛇咬傷最好的辦法就是別碰上蛇，就像運行在兩條平行線上，永遠不要有交匯。儘管這似乎是難以做到的，但儘量少見面還是有可能做到的。蛇是變溫動物，牠的活動與外界氣溫有密切聯繫，氣溫達到 18 度以上才出來活動。在中國南方，通常 5 到 10 月分是蛇傷發生最高時期。特別是在悶熱欲雨或雨後初晴時，蛇經常出洞活動。在農諺中預測下雨就有：「燕子低飛蛇過道，雞晚宿窩蛤蟆叫」。另外在洪水發生時，洪水將大範圍的蛇洞淹沒，也會造成陸地上無家可歸的蛇增多。所以夏天，雨前、雨後、洪水過後的時間內要特別注意防蛇。

蛇類的晝夜活動有一定規律，蛇種不同，活動規律也不同。眼鏡蛇、眼鏡王蛇白天活動，銀環蛇晚上活動，蝮蛇白天晚上都有活動。蛇傷的發生也主要集中在白天 9-15 時，

晚上 18-22 時。人在夏季幹農活時，氣溫清涼的早上和溫度開始減低的下午時間是最出活的時候。在這個時間裡收穫，菜果的內部溫度低，有利於保存。因此在蛇最活躍的時間裡，人就不要跟自己和蛇都過不去。與其在大太陽底下低效率地工作，不如給蛇們一點自由獨處的時間和空間。人乾脆哪涼快去哪，這樣皆大歡喜，何樂不為？

此外蝮蛇比較另類，對熱源很敏感，有撲火習慣。所以夜間行路要穿長褲，用明火照亮時，要防避毒蛇咬傷。

減少與蛇相會的另一個努力方向，就是把牠們趕得遠遠地。一說蛇害怕「雄黃」的氣味；二說蛇遇上雄黃會中毒，甚至死亡。《白蛇傳》中，白素貞一喝許仙送上的雄黃酒，就立刻現出蛇的原形。雖說是個傳奇，但起到了科普的效果。過端午節時，喝雄黃酒、抹雄黃酒，一方面是慶賀節日，另一方面是有解毒驅蟲驅蛇的作用。端午節之後，氣候開始變暖，正是各種昆蟲和蛇類繁殖、活動猖獗的時候，在身上抹點雄黃，能夠在一定程度上避免蛇傷的危險。而把雄黃加到酒裡可能是為了借助酒的揮發性，把效力傳播的遠些。雄黃是一種砷硫化物礦物，經過氧化便會變成 As_2O_3，就是著名的毒藥砒霜，雄黃解毒殺蟲算是一種以毒攻毒了。

曾經到西南地區的高山深壑中轉悠過，高山瀑布流雲幽林，風景自是目接不暇，但深草密林之間蛇蠍，螞蟥和吸血的蟲子很多。常常是一邊看景，一邊注意上下有沒有螞蟥野蛇。即使這樣，同行的一位在回到旅店時，一換衣服才發

現有血順著腿向下流，順流而上發現一隻螞蟥偷偷地趴在腿上，吸血吸成個圓球。螞蟥頭尾各有一個吸盤，在向人身上爬時，頭上的吸盤一搭一吸，細長的身體一躬，尾巴上的吸盤吸在上個吸盤下面，然後身子一伸，再向上搭去，挪動迅速，稍不注意就能爬上來。

　　這裡說螞蟥的吸盤，是按現有的解釋。人們曾經以為壁虎的腳掌能在各種材質的牆壁上行走，是由於粘液或腳掌上小吸盤的幫助。但簡單想一想就能明白，如果壁虎是被粘液或吸盤牢牢地吸附在牆上，牠怎麼能夠輕鬆地再把腳抬起來呢？2000 年隨著奈米材料研究思路的打開，人們才注意到壁虎的腳掌充滿了無數小的毛狀物體。由於這些物體比較硬，又稱為「剛毛」。那些看似小鉤子一樣的剛毛末端，實際上是開叉的，每根剛毛都分成了 100-1000 根更細的絨毛，這些絨毛的尺寸小到納米級品。正是這些絨毛極大地增加了壁虎腳掌的表面積，這些絨毛即使在宏觀上看似光滑的玻璃上，也能塞進極細小的坑窪。牠根本不是靠人們想像的宏觀條件下的力吸附，牠依靠的是剛毛上的小絨毛，與牆壁產生的「凡得瓦力」（van der Waals' force），也就是說，是牠腳掌上的分子與牆壁分子間產生的力。另外加上摩擦力的合力，就像無數的小手摳住每一個岩縫。一個簡單的試驗，能夠相對近似地展現一下這種合力的存在。找兩本厚一點的書，最好是紙張薄軟一點的，像洗撲克牌一樣把兩本書的書頁一張壓一張地疊在一起。全部疊完後用手壓一壓，然後分別抓住兩本書的書脊，試試能把牠們拉開嗎？把兩本

書「粘」在一起的力量，就包含「凡得瓦力」。書頁之間的疊合，使得接觸表面積變得很大，從而產生了出人意料的力量。螞蟥的「吸盤」是不是也和壁虎的情況一樣呢？

　　螞蟥前段有口器，可刺入皮膚吸血，並釋放麻醉劑和溶血劑，讓人不覺得疼，血液無法凝固，不停地流出來，過後傷口也難癒合。在發現螞蟥叮咬後，若伸手把牠揪出來，牠的口器有可能斷在人的皮膚裡，傷口的癢痛會持續很長時間。小時候在水裡玩，發現有水螞蟥叮上後，會用鞋拍打螞蟥的身體，幾下之後，螞蟥會縮身掉到地上。儘管周圍的皮肉會在這種著急加恐懼的拍打下跟著遭殃，但從未聽到哪個孩子因此哭叫連天。成人一些的辦法，是用點燃的香煙放在螞蟥近前，連薰加烤，讓牠慢慢地縮出來再收拾牠。在試了包括鞋上沾鹽、撒雄黃粉、硫黃粉、噴殺蟲劑等幾種方法後，我感到在鞋上抹清涼油是一種比較好的辦法。用鹽和雄黃粉有保護效果，但牠們的附著性不太好。清涼油味道大，揮發強，對人無害，抹上以後一天下來，還能聞到味道。第一天試用後，就發現爬到鞋上的殘存螞蟥都死得縮成了個小珠珠。對蛇的作用沒有看到過，但以男人的直覺，加上螞蟥自我奉獻的實驗，感到應該有驅趕作用。如果想更加保險的話，那就用一下混搭的辦法，把雄黃粉攪拌進清涼油裡面，再抹到鞋上和褲子上試一試。阿德萊德山裡沒有旱螞蟥，這種獨特風味只有蛇們獨享了。

　　有人提到一種驅蛇的家常辦法是「醋燻」。據說，蛇對異味極敏感，對酸溜溜的醋味更是避之不及。因此，如在家

裡發現蛇，可找點醋（具體種類不限），在發現蛇的房間裡燻蒸，驅蛇效果很不錯。民間有用醋燻房子可以消毒、殺菌和預防感冒的說法，過去聽說過醋廠的工人得流感的少，現在有人說這並沒有科學依據。要是把驅蟲和殺菌結合起來看，用醋燻房子應該還是一種保持身體健康安全的有益嘗試。即使酸溜溜地聞起來不太舒服，但也比加上化學香料的殺蟲劑對身體的損害小吧！

「指甲桃花」是一種過去種過的草本花卉，在搜尋驅蛇辦法時，發現這種小時候經常看到女孩子摘花染紅指甲的植物還是一種中藥材，真是孤陋寡聞了。它的學名是鳳仙花，別名：指甲花，急性子，鳳仙透骨草。民間常用其花及葉染指甲，好像嫩莖可當菜吃，但我自己從沒試過，不知真假。花入藥，有活血消腫的作用，治跌打損傷、毒蛇咬傷、白帶等；莖入藥有祛風濕、活血、止痛之效，用於治風濕性關節痛、屈伸不利；種子稱「急性子」，因為一成熟它們就從莢裡彈出去，有軟堅、消積之效，用於治噎膈、骨鯁咽喉、腹部腫塊、閉經。幾處對鳳仙花的介紹都提到它含有促癌物質！促癌物質不直接揮發，但會滲入土壤，長期食用種植在該土壤裡的蔬菜很危險。一種嬌嫩好看的植物，既可以食用藥用，又有這麼明確的危險性，倒是挺像武俠小說裡，集正邪於一身的女魔頭。天公造物，主宰世界的人在理想世界裡才能拼合在一起的品行，卻天衣無縫地出現在一株一年生的草本植物身上。這種植物種在果園菜地是讓人擔心，但在房前和屋後的草坪邊緣，及屋後的大橡樹周圍種一圈，相當於

形成一道生物防蛇網。閒暇時，鳳仙花搖曳之中，讀著梅超風和任盈盈的故事，會有「綠野仙蹤」的感覺嗎？

其它的點子還有在房子周圍撒石灰粉、草木灰、水浸濕了的煙葉等。在我第一次遇到那條紅腹黑蛇的時候，正是往果園裡運草木灰的過程中。莫非真的是草木灰攪動了蛇的清夢，才滿地亂竄，走上了不歸路的？

中澳文化上的差異自不必說，在一些簡單的工具使用上也有些差異，所以有時會聽到一些「誰誰幹起活來動作笨」等的笑談，但在外出防蛇的做法上相當一致。基本都是要打草驚蛇，在可能有蛇的地方，要採取「不見鬼子不掛弦」的做法，伸手或落腳之前看清楚有沒有蛇，出外時要穿適當的鞋和長褲。

澳洲的額外的建議還有不要赤著腳去草裡走，聽起來好像澳洲人穿不起鞋似的。這讓人想起我小時候，地上傷腳的零碎少，水土也乾淨。一到夏天，光腳的孩子有的是。到大院外的小河裡圍堰捉魚捉蝦，小山上採酸棗、撲螞蚱。下了雨更是在水溜上堆土築壩，待水蓄多了後，猛地打開，心情暢快地看著水奔騰而去。一個夏天下來，腳上磨出厚厚的老皮，一般的小刺尖石扎不出血來。現在看到澳洲小孩子光著小腳丫吧嗒吧嗒地走，仍感到親切可愛，自己的腳心癢癢。但要說自己也去光腳丫，那可就顧慮重重了。咯得慌不說，擔心地上髒、腳受傷感染等等。僅有的外出光腳機會，侷限在了不多的海灘散步的時候。能不能光腳算是個什麼重要的

事嗎？重要不重要，看看現在街上有多少個足療館就知道了。失去光腳的自由，的確是失去了一種舒服。不信你可以在家裡試試光著腳的、那種沒了莊重鞋子約束的感覺。

萬一不走運真的遇到蛇該怎麼辦？中澳專家也有共識。

見到毒蛇後要保持鎮定安靜，不要突然移動，讓蛇覺得是一種威脅，或奔跑而激起蛇捕獵的欲望。一般情況下，蛇發現人這種不中吃的大動物後，會有規避動作，沒等你準備好相機拍照就會在你面前消失。在定力不足時，應緩慢繞行或退後。一旦出現獵手變獵物，被蛇追逐，切勿直跑或直向下坡跑，要沿「之字型」路線跑。

在謎語中有一首：「上山直勾勾，下山滾石榴，搖頭梆子響，洗臉不梳頭」。第一句說的是蛇。按我與那條被打死的紅腹黑蛇比較，蛇的衝刺速度並不快。在牠逃命的當口，我撿鐵鍬，再緊趕幾步還能追上。有人估計在每小時十五公里左右。如果你的百米速度在 15 秒，換算一下就是每小時 24 公里。如果在人逃跑的過程中，再習慣性地向後丟盔卸甲地扔東西，蛇的追趕速度可能會更慢些。所以逃脫毒口的機會還是很大的，除非是你先被嚇軟了腿。至於蛇最後一擊的速度，把牠形容成閃電般的速度也有些過分。在錄影上看，狗和貓在蛇近距離咬過來時，都能及時跳開。人比狗貓的反應速度要慢，但只要有一定的距離，蛇想一擊而中的咬到人，也不是那麼輕而易舉地。目標小，攻擊的是人防備空虛的下三盤，加上劇毒，讓再慢的進攻速度也顯得過快了。

　　總結一下遇見蛇的「三大紀律」是：不要去「調戲蛇」；不要想「俘虜蛇」；不要把蛇逼的成了咬人的兔子。

　　四大注意：

　　一是注意小蛇。小蛇毒性有可能比大蛇厲害。蛇的毒液也不是說有就有，取之不盡的。一般人工飼養下，十到十五天才取一次毒。蛇捕食或咬人時，注毒量可能是有區別的。珍貴的蛇毒既要用於捕食又要準備自衛，有經驗的大蛇可能都懂得珍惜。小蛇就可能不一樣了，一來因為沒數，不會過，就像現在的「月光族」；二來容易過分驚恐，咬住拼命注毒，結果過量了。

　　二是注意沒被毒死，反被嚇死。毒蛇咬人時不一定放出毒液或注入足量的毒液而致人死亡。澳洲有個資料介紹，在自衛時，毒蛇的第一口往往是警告性的，十有八九不注毒，對此我在追逐見到的第一條紅腹黑蛇時曾親眼所見。蛇毒不是說來就來的，多數蛇都比較會過，第一口就注毒，那說明對你的出現很重視，也算看得起你了。即使被毒蛇咬傷的人也只有小部分中毒症狀比較嚴重，並不是人人都有生命危險。據說精神過度緊張，會誘發出現傷口劇痛、紅腫，甚至昏倒的現象。在視頻上看到狗被響尾蛇咬傷，但沒有致命，這也是一個佐證。

　　三是注意毒性發作有滯後性。據說極其常見的錯誤是：在蛇咬後幾十分鐘內沒有不適感，就認為是無毒蛇咬的。有些毒蛇咬傷後的症狀要經過一到四小時才能顯現出來。大意

失荊州，耽誤了最寶貴的搶救時間，後果是很嚴重的。

四是注意被蛇咬傷後把活動量降到最低。除非萬不得已，不要走動。

中國的指南有的提到：擠出或吸出傷口的血，直到看見流出的血變成鮮紅；但澳洲有的建議明確強調：不要切傷口和吸血，對此我不知誰說的更接近正確答案。興許都對，對不同蛇產生的神經性毒液和溶血型毒液，有不同的應急處理方法。就像盲人摸象的故事裡講的，摸到象牙的就說大象長得像一個大蘿蔔；摸到耳朵的說是像簸箕；摸到象腿的說是像柱子。「盲人摸象」用來比喻對事物的觀察上的以偏概全，但換個角度，從積極的意義上講，幾個盲人的探索合起來，已經基本覆蓋了大部分的事實。希望研究蛇傷和蛇毒的專家們，能就此疑惑給畫出個完整的「大象」來。

相對蛇來說，另一種不得不防的毒物是澳洲的毒蜘蛛。最毒的漏斗網蜘蛛主要分佈在澳大利亞東部，包括塔斯馬尼亞島州、以及澳大利亞南部的海灣森林。漏斗形雄蛛的毒液會嚴重損傷靈長類動物（包括人類）的神經系統，毒性最大的雄性蜘蛛體長 1.5 到 3.5 厘米，但據說能咬透人的腳指甲。在人被牠們咬的事件中，發生嚴重反應的比例是六比一。還有一種是阿德萊德地區常見的紅背蜘蛛，這種蜘蛛除了背部色澤鮮豔的紅色印記，其它部分為黑色。毒性大的是雌性紅背蜘蛛，身長在 1 厘米左右。被咬中後傷口會開始發熱發痛，疼痛會逐漸加劇並沿受傷肢體延伸，噁心、嘔吐和頭痛等中毒症狀都會出現。因為紅背蜘蛛生存的環境與人重合，

使牠在澳洲穩居傷人蜘蛛榜首。好在自 1956 年就有了專門的抗毒藥，從此澳洲還沒人單純因為牠們的咬傷而死亡。在我家的前後院，儲藏室裡不止一次翻出紅背蜘蛛。在農場裡牠們生活的環境更好，人該做的就是幹活時帶園藝手套、多長眼。穿放在外面的工作服和鞋時，先打撲打撲，裡裡外外收拾地儘量乾淨利索一些。和對付蛇一樣，多加防備是必須和有效的。

不知有什麼原因，果園裡蜈蚣比蜘蛛和蛇要常見的多。在給果樹除草翻土時，常不常地就翻出蜈蚣來。有次在栽苗時，光著手培土，結果手裡有一條 15 厘米長、青紅相間的大蜈蚣正在左右搖擺，好在有土擋著，沒挨咬。剛開始時，見到蜈蚣就除掉。後來看到書中說蜈蚣幫助除地老虎等害蟲，此後也就不完全把蜈蚣當回事了，但防範是不能放鬆的。

袋鼠也是野生動物

蛇、蜈蚣與蜘蛛不管有沒有毒，人一見到會立刻警覺，但同為野生的袋鼠卻被描繪成了乖寶寶的樣子。在卡通片裡，做為正面形象出現。在動物園裡，散放在開放區，允許人餵食、合影和觸摸。應該注意的是，袋鼠是野生動物，不論人怎樣按自己的好惡給牠們貼標籤，牠們按自己的方式行事。電視裡曾經報導有個女士正在走路，一隻大袋鼠突然跳過來對她施暴。她被打倒在地，身上傷痕累累，直到最後她也不清楚出現這種事的原因。

在網上一查，類似的事例也算是各有各的特殊之處：

【 事例之一 】

「張順」打了「李逵」，外帶「宋江」

一人帶狗巡視，碰到一隻在睡覺的袋鼠。驚醒的袋鼠在狗的追逐之下，跳進池塘，會狗爬式的狗也跳了進去。結果身高的袋鼠「張順」，用兩隻前爪把狗「李逵」按進水裡淹的個半死。狗主人「宋江」在岸上大呼小叫不管事，自己也跳了進去。狗是得救了，人因為臉，胸腹上深深的傷口被送進了醫院。

【 事例之二 】

「五鼠鬧東京」

彷彿像《三俠五義》裡的五鼠鬧東京，四隻袋鼠大白天闖進一戶人家，跳進游泳池戲水後，其中的一隻又破窗跳進房內，把客廳和臥室搞得一塌糊塗。主人倒沒受傷，破窗的袋鼠被劃得血流不止，最後只好把牠打死。

【 事例之三 】

誤判引起的衝突

有個地主在地裡遇上了一家袋鼠趴著休息。一隻小袋鼠立即跳起來跑了，大袋鼠也站了起來。不僅沒像預期的那樣跟著跑掉或發出警告性的嘶嘶聲，其中一隻衝過來就是一通爪撕腿踢，把人打倒在地。在人的手刨腳蹬之下，袋鼠稍微後退了一下，但一見人站起來，就又衝了上來。情急之下，人抓住了袋鼠的一支前爪，扭了起來。袋鼠掙脫後跑開了。人的前臂和腿上被抓傷，衣袖和褲子被抓

破，估計這是一隻雄袋鼠想要保護牠的小家庭做出的反應。

【事例之四】

袋鼠引起的精神傷害

一個十三歲的孩子在打高爾夫球時，把球打偏了。在他走進一片樹林找球時，一隻一米半高的袋鼠對他連踢帶抓，使他臉部，腹部和四肢受傷。孩子的父親以身體和精神損害的名義，起訴高爾夫球場，要求賠償七十五萬澳元。理由是孩子因為這次與袋鼠的遭遇，在學校裡得了個外號「Skippy」，讓孩子抬不起頭來。Skippy 是澳大利亞上世紀 60-70 年代拍的一個電視系列劇裡一隻寵物袋鼠的名字，這部電視劇在澳大利亞和其它一些英聯邦國家影響挺大，此後拍了不同的續集。官司一審敗訴，二審獲勝。

如果要全面地看待袋鼠與人之間發生的是是非非，需要提一下澳洲另一隻有名的袋鼠「魯魯」。魯魯是一隻與一個家庭一起生活多年的寵物袋鼠，牠的主人在離住房三百多米的地裡，被一個樹枝砸中頭部而失去知覺。魯魯向家裡其他人報了警，從而使傷者及時獲救，牠因此獲得了動物保護協會的動物勇氣獎。

雖然在澳大利亞受到袋鼠攻擊的可能性不高，像在新南威爾士州，每年因寵物受傷而接受治療的平均有幾千起，袋鼠造成的人身傷害只有不到五起。但不論人們給牠們多麼美好的形象，袋鼠是野生動物，有力量對人造成嚴重傷害。有記錄的是一隻袋鼠在 1936 年要了一個獵人的命。對牠們保

持必要的警惕是十分必要的。

人與袋鼠容易發生衝突的情況，一是人類的活動改變了牠們的採食或憩息地，像我打算的把草地改種蔬菜、修路、建水壩等；二是在牠們感到自己或小袋鼠受到了威脅；再就是在牠們的發情期等。特別要說的是，袋鼠對人類天生的懼怕，會因為人們的餵食而減少，並進而慣成壞脾氣，就像翻包搶東西，讓峨眉山的秀冠天下逐漸滑入「狗惡酒酸」境地的那些猴子一樣。

給袋鼠餵食看起來是一種最不明智的做法，除了慣壞牠們，人類的食物對袋鼠的健康也不見得有好處。就像給馬餵糧食會讓牠們生病，給羊餵精飼料過多會造成牠們死亡。既然對人對野生動物都不好，為什麼還是有人這樣做呢？可能是好心的認為這樣可以幫助牠們。但這種幫助真的是一種幫助嗎？動物與人的交流很有限，人們可以這個做為藉口，而想當然地願幹什麼就幹什麼。

在一些袋鼠襲擊人的事件中，有人推測在對人失去了恐懼感的同時，袋鼠可能進而把人看成了有競爭性的同類。因為不給餵食就爪腳相向，聽起來有些恩將仇報或耍無賴。其實人與人之間也會有類似的情況或傾向，有一個故事說的是：在過去單位裡定期發雞蛋，有一位不願吃雞蛋的，就把自己的那份送給一個朋友。第一次朋友說謝謝，第二次、第三次之後，慢慢變成了一種習慣。有一次她心血來潮地把雞蛋送給了別的人，結果她的朋友就覺得不太自然了。而她在察覺了這個變化後，心裡也開始彆扭的慌：我的雞蛋，我願

給誰給誰，怎麼就非要給你？結果原本無事的朋友關係出現了疙瘩。類似的情況，估計很多人都見過或經歷過。像我在給朋友多次送地裡長的水果時，也意識到了這點。於是有聰明的朋友給我出主意說，以後不要白送了。水果下來後，和大家一說，想吃的來訂或自己上樹摘，按重量算錢。人有自詡的理性控制尚且有如此的感覺，動物出於本性耍耍「無賴」也就不算奇怪了。

其實對野生動物最好的幫助，就是儘量減少各種形式的干擾，讓牠們按自己千萬年來自然選擇的方式存在下去。

由此引起了一些稍微跑題的聯想，我覺得人類之間的幫助，要幫到點子上才會有好結果。比如在扶貧的方面，各種熱心扶貧的人士和組織都是值得尊重的，但在方式上的不同，效果會有差異。在這方面，我認為兩句有道理的話是「救急不救貧」和「授人以魚，不如授人以漁」。

多年之前，看到了一段故事，說的是一個熱心扶貧的人士走在異鄉的海灘上，這時他在旁邊尚在形成之中的潟湖裡，看到了一些小小的螃蟹。從當地人那裡他知道這種小螃蟹，和從不遠的大海深水裡捕到的大螃蟹屬於同一個品種，造成體型上差異的主要原因，就是一個在大海裡，另一個在淺水湖裡。這讓他產生了一些感悟：潟湖裡斷續來自大海的有限的營養，讓小螃蟹餓不死，但也難以長大。一旦潟湖完全形成，大海與潟湖之間的聯繫完全終止，有限的營養鏈也斷絕，小螃蟹的生存環境將更加惡化。而他送錢送物的扶貧行為，不就是在讓受扶助的人們，活得像這些小螃蟹嗎？有

感於此，他改變了自己的扶貧方式，把方向轉向了向當地人，傳播知識和技術。

在扶貧這件事上，首先不要把居住簡陋、缺乏現代化設施，單純地理解為貧窮。像澳洲的原住民一樣，這種簡單，是他們的傳統和習慣的生活方式。不要把自己認為好的東西或做法強加於人，更不要說在幫助別人的名義下，實際上起到了破壞人家生活方式的作用。

一段真實的澳洲歷史，卻能給救助行為帶來些發人深思的東西，那就是澳大利亞的「被偷走的幾代人」。

事情發生在 1905-1970 年之間，當時的聯邦、州一級的政府機構和一些教會組織，將一些原住民血統或半原住民血統的兒童與他們的父母分離，然後把這些孩子送進一些育兒機構撫養。他們後來被稱為是「被偷走的幾代人」。這種分離有些情況下是帶有強迫的色彩，起因、或者說初衷，是為了保護一些缺乏照顧的原住民、歐裔的混血兒，和一些受虐待的兒童。還有就是當時不少人擔心，由於原住民對歐洲人帶來的傳染病缺乏免疫力，任其繼續生活在缺醫少藥的條件下，將會逐漸走向滅絕。到底有多少兒童「被偷走」難以統計，有人估計多達十萬人，官方的數字傾向於二萬五千人左右。這種做法，加上後來在撫養中出現的問題，使近些年來的幾屆政府飽受指責，最後是在 2008 年那位會說中文的總理陸克文代表政府公開道歉。從初衷來看，這種做法是有些道理，也是出於好心，怎麼就出現了這個出力不得好的局面了？

　　再者，幫扶別人時要尊重別人，並且要讓人感受到這種尊重。如果是一種「以高視下，施恩於人」的態度去幫扶，受助人會在得到一些有數的錢財的同時，損害一些自己無價的財富，那就是自信和尊嚴，就像那些巴望著不多的高潮，帶進來有限的餌料來苟延殘喘的小螃蟹一樣。我的理解中，扶貧的三個層次，由低到高依次是：物質上的幫助，技能上的培養，信心上的樹立。

　　還有，不要在別人不需要幫助時去插手。這種說明對貪心不大的人是一種麻煩和添亂，而對貪心大的是一種縱容和嬌慣，餵袋鼠、送雞蛋都與這種情況沾邊。

　　最後，「扶貧」這兩個字帶有歧視色彩，它以物質的多寡，把本應平等的人分出了高低。「愛心」、「互助」似乎更好些。願有才的人想出好詞來。

　　言歸正傳，遇到袋鼠襲擊時，跑得脫的人，要達到六秒的百米成績才行，能跑掉的人還沒生出來。按照澳洲的一些經驗，遇到袋鼠襲擊時，應充分利用地形地物躲避，可能的話，撿些樹枝石塊保護自己。假如實在沒辦法，就使用刺蝟功，倒在地上兩手抱頭，身體圈成一團，等袋鼠打夠了再說。

脾氣好不等於不能傷人

　　不論是看起來溫柔一些的，還是恐怖些的野生動物，都會對人的安全造成威脅，家養的動物也不例外。與馬有關的安全事故數量和嚴重程度，在所有的農業事故分類裡「名列

前茅」。這其中多應歸咎於人類，像騎馬摔下來；也有的案例是馬犯錯的成分多些。比如一個馬主人被一匹平時挺老實的馬踢中了頭部，那是因為她當時從馬屁股後，馬的視線盲區接近馬，馬受驚，本能地踢出了一腳。我的地裡沒馬，將來養馬也會是矮種馬，這類事故發生的可能性不大。

牛相對溫順，但事故也會在你想不到的情形下出現。一個養牛的鄰居有頭從小用奶瓶養大的寵物牛，這頭牛對他挺親近不說，若是有一些其它牛不願幹的事或不敢去的地方，他就讓這頭牛做些示範，這讓他省了不少勁。有一次，這頭牛看見他後，歡快地跑了過來，一蹄子踏在了他的腳上，讓他疼痛難忍。鄰居說，那天虧著他穿的是帶包頭的鞋，不然那隻腳可能就要骨斷筋折了。這算做是一個「愛可能讓人受傷，親近可能造成傷害」的一個例子。小時候，小孩子們一鬧騰地歡，常常就有成年人敲打道：「狗歡一鍋湯，人歡要遭殃。」結果天性活潑的孩子，差不多都被教訓成了小老頭。現在可以再續一句「牛歡人受傷」。從安全的角度講，在農場裡，開車不是兜風，農機不是玩具，遇到牲口撒歡，要躲遠點。

最大的危險是它

上面說說了林林總總的事實和可能，多多少少都有些可以人為控制的成分。但最可怕的卻是澳洲常見的一種天災：火災。澳洲氣候乾燥，夏季高溫，植被豐富的地方可燃物堆積，一旦熱浪來襲，住在火災易發區的人都會多少警覺起

來。失去控制的火災，在各地幾乎年年都有。造成重大人身傷害和財產損失的，包括 2009 年 2 月 7 日左右發生在維多利亞州的「黑色星期六」火災，造成 173 人死亡，414 人受傷。另一次是在 1983 年 2 月 16 日，澳洲東南部維多利亞和南澳兩個州狂風大作，煙火沖天。180 多個著火點，每小時 110 公里的風速，加上連年的乾旱氣候積累下來的可燃物，讓這兩個州在十二個小時內就從天堂變成了地獄。這場大火造成 75 人死亡，其中有 17 人是消防員，3700 棟建築被毀或受損，34 萬隻羊，1.8 萬頭牛因此死亡。至於野生動物的死亡數量，只能用不計其數來表達。按今天的價值計算，整個火災造成的損失不低於二十億澳元。整個過程中，直接或間接參與救火的人員達 13 萬。按《維基百科》的資料，澳洲國防軍的總人數八萬出頭。相比之下，為救這場大火，也算是把吃奶的勁都使出來了，從這裡也可以想像出當時的危機形勢。

儘管在不同場合聽到過這些要命的火災，但沒有身臨其境，感受不深。在第一次去看農場時，注意到了有些黑色的樹樁立在果園的邊緣，問過帶著到處看的仲介後，才知道這是原來山火留下的痕跡。在山區政府和州政府的規劃中也清楚地標出：農場在山火防控和水源地保護區內。當時還曾葉公好龍式地認為，這個農場大地不乏「土」，樹木茂盛有「木」，兩個遺留下來的小金礦坑，有水壩和水井，現在再加上山火。金、木、水、火、土，五行俱全的風水寶地。

大火在接手農場幾個月後不約而來，先是在阿德萊德市

東北方向，靠近著名的葡萄酒產區的幾十公里外的地方開始，然後向東南方向移動。開頭還能穩坐釣魚臺，按山區住戶家家都有的防火須知，把房子上落的樹葉和周圍的雜草枯枝清理乾淨，儲水罐裡灌滿水，防火專用的發電機裡注滿油，同時開啟各個噴頭，把花園和果園儘量澆濕。有足額保險撐腰，再說火頭在幾十公里外，心裡還算平靜。隨著火頭的推移，這種平靜逐漸被打破了。朋友們陸續打電話來詢問安慰，電視上播放的消息也越來越讓人揪心。當時天天盯著消防部門的官網直到深夜，第二天起床的頭件事，就是了解最新消息。直到有一天，聽到天上的消防飛機不停地飛過，門前路上消防車不斷呼嘯往返，北面的山火燒到了不到兩公里的山上，東面燒到了鄰居對面的山上。站在房前，已經看到山那邊滾滾黑煙沖天而起，這時心裡真正地沉甸甸起來。儘管該投的保險都投了，但假如剛享受了幾個月就要開始重建，也是令人沮喪的事情。

好在天可憐見，給我這個小時候也曾在野地裡放火玩的新農民的下馬威到此結束了。我周圍鄰居養的牲畜立了功，牠們多年的啃食減少了可燃物。加上我的農場處在一個山勢逐漸變緩的地理環境中，火勢到了這裡變弱，消防人員容易施展手腳。還有就是老天可能把風減小了，火在離農場一陣風的距離處被撲滅了。接近黃昏時分，在看到天上沒了飛機，地上消防車一輛接一輛地向南開走，確認沒有危險後，開車到了最近的著火點。路邊警車閃著警燈，向北的半邊車道設著路障。一個年輕員警示意我停車，然後走過來說：「前

方仍有火災隱患，非本地居民，只能出，不能進。」然後問我：「是不是已經在這個警戒點出來進去好幾次了？」不少白種人在辨別亞洲人的面孔上有類似問題，估計這次是把我和其他幾個亞洲人混為一談了。在路邊向剛燒過的地方看，不少地方仍在冒煙，逐漸降下的夜色中，這裡那裡地，不時從餘燼中閃出一些亮光。對心有餘悸的我來說，這些亮光就像是魔鬼的眼睛。

在著山火時，撲救起來既困難又危險。山高坡陡，地勢的影響更容易造成風向的變化。1983 年那場大火中犧牲的消防員，多數是因風向變化太快沒來得及撤出。澳洲的鄉村地區，消防工作的主要力量來自於志願者，現在志願者總人數在二十萬左右。自己花時間接受訓練，冒危險赴湯蹈火，這是一群真正稱的上是國家脊樑的人。

對於火災難以控制的地方，多數情況只能看它燒完為止，消防人員只能把重點放在保護人員和重要的財產安全上。反過來看我的這個農場，不禁又有了些感慨。原來嫌房子建的離公路近，來往車輛的噪音大，位置低，看風景不方便。火災以來，這些不足之處反而成了優點。離公路近，一有異常就容易被發現，消防車可以無障礙地接近房子。地勢低，但地下水源離得近，即使從幾百米外水壩裡引來的水，水壓也高。房子周圍有三種不同的電源：連接電網的主電源，與主配電盤相接的發電機組，另外是與井水罐配套的汽油機水泵。水有三個來源：水壓較高的水壩管道、井水，還有兩個日常用水和消防用水結合的大雨水罐，這就基本上保證了

火災時用水和動力需求。不經一事，不長一智。回想最初對房子所見位置的挑剔，感歎的是：內行看門道，外行看熱鬧，凡事有其利必有其弊，反之亦然。

最緊張的情況過去了的第二天，原來反對我買這個農場的朋友又來了電話。他的家也在山區，在互致問候，確認我未經山火洗禮之後，告訴我，他的一個近親的農場過火了，養的羊燒死不少，有些沒燒死的也因嚴重燒傷，而不得不射死，免得多受罪。同時提到電視台採訪了他的親戚，說他在接受採訪時顯得驚魂未定。果然，在重播的新聞中看到了這段採訪。他的親戚說，大火來之前，他讓老婆、女兒先走，他打算留下保護房子和牲畜。沒想到的是火來得很猛，火頭離的很遠時，溫度高的就受不了。他當時認為自己難以逃脫了，於是在心裡向老婆告別，向女兒告別。幸好這時消防車到了。鏡頭掃過他那燒得漆黑的農場和一隻身上仍在冒煙的綿羊，令人觸目驚心。

安全 ABC

作為本書的結尾，謹將一些安全方面的有效做法陳列如下，算是送給耐心讀完這本書的朋友的一個小禮物：

1. 抽空參加些自救和急救訓練。

2. 外出時，告訴周圍的人你要去的地方、幹的事、大致的返回時間。

3. 遇到緊急情況時，人身安全最重要。留得青山在，不怕沒柴燒。

4. 打求救電話時要清楚說明：

　　你是誰，電話號碼。

　　你的具體位置，地標。

　　發生了什麼事情。

　　若有任何可能，在救援到來之前，不要掛斷電話。

　　也許有人要撇撇嘴，認為：這麼簡單的事，誰都能說清楚。要知道，在緊急情況下，急中生智的情況少，人慌無智的機會多。緊急形勢下，平常張嘴就來的，有可能怎麼也想不起來了。平常挺細心周到的，保不準會變得顛三倒四加丟三落四。有個冷笑話，算是對這個說法的一種佐證吧：

消防隊的電話鈴響了，一接電話，另一頭傳來了緊急的叫聲：「火！火！火！」

消防員趕緊問：「火在哪？」那人答道：「在我家。」

消防員追問：「我是問火的位置。」答道：「在我家廚房。」

再問：「我是問怎麼到你家去。」

那邊生氣地答到：「你們不是有救火車嗎？開著來不就行了！」

後　記

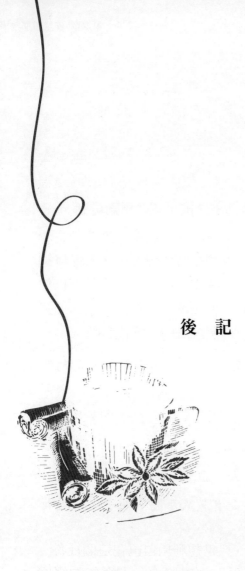

後 記 ————

　　這本書本來是寫給自己和家人的。坐辦公室時，希望有個農場鍛煉身體和放鬆心情。開始整天在農場忙活後，又想用用腦子來預防腦萎縮。寫給家人是希望把自己現在的感受告訴他們，並趁機夾上一些「私貨」，把有限的一些經驗和知識，用這種不太招人反感的方式傳達過去。在生怕說不清楚的擔心下，越寫越多。

　　既然是發表出來，我想裡面的內容對想瞭解澳洲生活有關側面的人，會有一定的參考作用。對一個國家，一種生活，沒有多年的生活和經歷，想有些深入的瞭解很難。至於說融入，那更需要兩代以上人的努力。在此，只是想利用自己在這個社會、自然和人文環境中，十幾年的經歷和有關的歷史事實，給大家提個醒。相信對你的澳洲深度遊，會有引導和啟發作用。

　　對於和我一樣，喜歡澳洲休閒農場這種環境甚至生活的人來說，我把自己遇到的問題、做的考量和選擇，以及一些結果列了出來。如果你有心真的要幹，我倒是強烈推薦你耐著性子讀完這本書，包括其中有些枯燥的部分。自信你投入買書的錢和讀書的時間，起碼會在將來帶給你幾十倍以上的回報，這種回報從你一開始四處搜尋合適的目標起就會顯示出來。我考慮的問題，你會需要考慮，遇到的事，將來你也會遇到。

　　至於那些興趣沒有濃到下手買地出力的看官們，我談的內容基本上涵蓋了這類休閒農場裡的重要方面，你們盡可以像玩虛擬遊戲一樣，以我列出來的事為起點，為自己想像出一個美好田園。

　　畢竟是從自己的角度看人和事，加上生活和知識的深度尚需發展，因此對自己的作品不知該打幾分。但可以肯定的是，這不是在酒裡摻水，更不是在水裡摻酒。這是我自

己釀的村酒，勾兌上的是有名有姓酒廠出的好酒。在我想來和剛來澳洲時，想看到的就是這種類型的書。

對裡面提到和引用的一些理論和道理，只能說僅供參考。寫出來也是帶有不斷反思的意思。一些地方，雖然言之鑿鑿，其實自己也在期望根據回饋，不斷做些修正。人多明白些事，想通些道理，活著會更輕鬆一些，買農場和寫書都有這個目的，希望與願意心靜的朋友共用我的經歷和聯想。

The End

國家圖書館出版品預行編目資料

在澳洲買了個小農場 / 堅冰 著
--初版-- 臺北市：博客思出版事業網：2016.06
ISBN：978-986-5789-99-2(平裝)
1.農民 2.生活方式 3.澳洲

431.4   105006786

生活旅遊 系列 6

在澳洲買了個小農場

作　　者：堅冰
編　　輯：許一平、高雅婷
美　　編：陳湘姿
封面設計：陳湘姿
出 版 者：博客思出版事業網
發　　行：博客思出版事業網
地　　址：台北市中正區重慶南路1段121號8樓之14
電　　話：(02)2331-1675或(02)2331-1691
傳　　真：(02)2382-6225
E—MAIL：books5w@yahoo.com.tw或books5w@gmail.com
網路書店：http://bookstv.com.tw/
　　　　　http://store.pchome.com.tw/yesbooks/
　　　　　華文網路書店、三民書局
　　　　　博客來網路書店 http://www.books.com.tw
總 經 銷：成信文化事業股份有限公司
電　　話：(02) 2219-2080　傳 真：(02) 2219-2180
劃撥戶名：蘭臺出版社 帳號：18995335
香港代理：香港聯合零售有限公司
地　　址：香港新界大蒲汀麗路36號中華商務印刷大樓
　　　　　C&C Building, 36,Ting, Lai, Road, Tai,Po, New,Territories
電　　話：(852)2150-2100　傳真：(852)2356-0735
總 經 銷：廈門外圖集團有限公司
地　　址：廈門市湖裡區悅華路8號4樓
電　　話：86-592-2230177　傳 真：86-592-5365089
出版日期：2016年6月 初版
定　　價：新臺幣380元整（平裝）
ISBN：978-986-5789-99-2